普通高等院校
应用型本科计算机专业系列教材

JAVA MIANXIANG DUIXIANG CHENGXU SHEJI JICHU

Java面向对象程序设计基础

主　编／陈　凌

副主编／李冀明　王艺婷　刘胜会

参　编／陈　伦

重庆大学出版社

图书在版编目(CIP)数据

Java 面向对象程序设计基础/陈凌主编. -- 重庆：
重庆大学出版社，2022.2
普通高等院校应用型本科计算机专业系列教材
ISBN 978-7-5689-3146-5

Ⅰ.①J… Ⅱ.①陈… Ⅲ.①JAVA 语言—程序设计—
高等学校—教材 Ⅳ.①TP312.8

中国版本图书馆 CIP 数据核字(2022)第 022573 号

普通高等院校应用型本科计算机专业系列教材
Java 面向对象程序设计基础
主 编 陈 凌
副主编 李翼明 王艺婷 刘胜会
参 编 陈 伦
策划编辑:陈一柳
责任编辑:姜 凤 版式设计:陈一柳
责任校对:关德强 责任印制:赵 晟

*

重庆大学出版社出版发行
出版人:饶帮华
社址:重庆市沙坪坝区大学城西路 21 号
邮编:401331
电话:(023)88617190 88617185(中小学)
传真:(023)88617186 88617166
网址:http://www.cqup.com.cn
邮箱:fxk@cqup.com.cn(营销中心)
全国新华书店经销
重庆天旭印务有限责任公司印刷

*

开本:787mm×1092mm 1/16 印张:15.5 字数:388 千
2022 年 2 月第 1 版 2022 年 2 月第 1 次印刷
ISBN 978-7-5689-3146-5 定价:39.00 元

前　言

随着社会的发展,传统的教材已难以满足本科教学的需要。一方面,传统的程序开发教材偏向于理论,实践方面的内容较少;另一方面,用人单位却在感叹新员工动手能力不强。因此,从传统的偏重知识的传授转向注重实践能力的培养,并使学生有兴趣学习,这种实践学习已成为大多数高等院校的共识。

教育改革首先是教材的改革,因此,我们走访了众多高等院校,与许多教师探讨了当前教育面临的问题和机遇,然后聘请具有丰富教学经验的一线教师编写了这套以任务为驱动的"程序设计基础"丛书。

本书的特色:

(1)满足教学需要。使用最新的以任务为驱动的项目教学方式,将每个知识点分解为多个问题,每个问题均由"现实问题""程序语言转换""程序说明"等步骤组成。

现实问题:以现实中的问题入手,提出一个程序思路来解决。

程序语言转换:将程序思路转换为代码逻辑,并以代码的方式来解决现实问题。

程序说明:对相关代码、程序结果及思路的解释说明。

(2)满足就业需要。使学生在学习了本书的内容后,不仅能够做到会用,还能够做到分析问题、解决问题。

(3)实用案例。本书的案例由企业导师进行编写,虽然简单,但通过该案例能够将前面所学的知识点全部串联起来,达到学以致用。

本书的读者对象:

本书可作为本科院校,以及各类计算机教育培训机构的 Java 面向对象程序设计教材,也可供广大 Java 开发爱好者自学使用。

本书的内容安排:

绪论:介绍了 Java 语言的由来和发展、版本的变迁以及 Java 语言的特点。

第1—4章:基础篇。主要介绍 Java 开发环境的搭建,常用开发工具介绍及 Eclipse 开发环境的搭建;使学生了解 Java 的基本语法规则和 Java 的控制结构,同时掌握 Java 类的基本概念及三大特性。

第5—8章:面向对象篇。主要介绍Java中面向对象程序设计的概念,了解抽象类和接口类的区别,学习Java中各种工具类的使用,了解Java中集合类的概念以及异常的处理,了解文件类的使用方式,并学习线程的概念。

第9—12章:综合提高篇。主要介绍Java中Swing GUI控件的概念,了解Java网络编程,了解Java中数据库连接的方式,并利用前面所学的知识来完成一个聊天室的项目实战。

附录:提供了开发工具Eclipse的汉化方式和JUnit插件的使用方法。

本书由重庆知人者科技有限公司和重庆工程学院Java教研室策划,由陈凌担任主编,李冀明、王艺婷、刘胜会担任副主编。具体编写分工如下:陈凌负责内容设计与第1—3章和附录的编写及全书统稿工作;李冀明负责第4—6章的编写及相关修改工作;刘胜会负责第7、8章的编写工作;王艺婷负责第9—11章的编写工作;重庆知人者科技有限公司王伦完成了第12章项目实战的内容;张红实副教授和李中学教授对本书内容进行了评审并提供了宝贵的修改意见。

由于编者水平有限,书中难免存在疏漏之处,恳请读者批评指正。

编　者
2020年12月

目　录

面向对象篇

综合提高篇

0 | 绪 论

本章简单介绍了 Java 的起源及发展历程,并对当前 Java 版本的更新规律及语言特点进行简单说明。本章的目的在于让读者对 Java 的一些基础内容有一定的了解,便于后续学习。

【学习目标】
- 了解 Java 的起源及发展历程;
- 了解当前 Java 版本的基本特点及更新规律。

【能力目标】

了解 Java 的基本特点。

1)Java 的起源及发展

(1)Java 的起源

20 世纪 90 年代,硬件领域出现了单片式计算机系统,使用它可以大幅度地提升消费类电子产品(如电视机顶盒、面包烤箱、移动电话等)的智能化程度。Sun 公司为了抢占市场先机,在 1991 年成立了一个称为 Green 的项目组,专攻计算机在家电产品上的嵌入式应用。其中,项目组成员中包含大名鼎鼎的詹姆斯·高斯林(软件专家,Java 编程语言的共同创始人之一,一般公认他为"Java 之父"),如图 0.1 所示。

图 0.1　詹姆斯·高斯林

由于 C++ 具有的优势,该项目组的研究人员首先考虑采用 C++ 来编写程序。但 C++ 语言对单片机系统而言过于复杂和庞大,另外,C++ 语言不能跨平台运行。所以项目组决定根据嵌入式软件的要求,对 C++ 语言进行改造。去除了 C++ 的一些不实用及影响安全的成分,并结合嵌入式系统的实时性要求,开发了一种称为 Oak 的面向对象语言(也就是 Java 语言的前身)。

另外,为了跨平台运行,在开发 Oak 语言之前,项目组先定义了符合嵌入式应用需要的二进制机器码指令系统(即后来称为"字节码"的指令系统)。设想将此指令系统嵌入硬件,然后 Oak 语言基于此指令系统运行,以实现跨平台运行。

1992 年夏天,当 Oak 语言开发成功后,Sun 向硬件厂商演示了项目组开发全套系统,包括 Green 操作系统、Oak 语言、类库和硬件。但硬件厂商普遍认为在对 Oak 语言还不了解的情况下就生产基于 Sun 指令系统的硬件,风险太大,所以 Oak 也就被搁置了。

（2）Java 的诞生

1995 年,随着互联网的蓬勃发展。业界为了使死板单调的静态网页能够"灵活"起来,急需一种软件技术来开发能够使网页动起来的小程序。于是,世界各大 IT 企业纷纷投入大量人力、物力和财力来开发这种技术。这时,Sun 公司想起了被搁置了很久的 Oak,因为它是按照嵌入式系统硬件平台体系结构进行编写的,所以非常小,特别适用于网络传输系统。

于是,Sun 公司首先推出了可以嵌入网页并且可以随同网页在网络上传输的 Applet,并将 Oak 更名为 Java(图 0.2 为 Java 注册商标的造型)。

5 月 23 日,Sun 公司在 Sun World 会议上正式发布 Java 和 HotJava 浏览器。IBM、Apple、DEC、Adobe、HP、Oracle、Netscape 和微软等各大公司都纷纷停止了相关开发项目,竞相购买了 Java 使用许可证,并为自己的产品开发了相应的 Java 平台。至此,Java 才算正式诞生了,并不断发展演变至今。

图 0.2　Java 注册商标的造型

（3）Java 的发展

①1996 年 1 月,Sun 公司发布了 Java 的第一个开发工具包(JDK 1.0),这是 Java 发展历程中的重要里程碑,标志着 Java 成为一种独立的开发工具。

②1996 年 10 月,Sun 公司发布了 Java 平台的第一个即时(Just In Time,JIT)编译器。

③1997 年 2 月,JDK 1.1 面世,在随后的 3 周时间里,达到了 22 万次的下载量。

④1997 年 4 月,Java One 会议召开,参会者逾 10 000 人,创当时全球同类会议规模之最。

⑤1998 年 12 月 8 日,发布了第二代 Java 平台的企业版 J2EE。

⑥1999 年 6 月,Sun 公司发布了第二代 Java 平台(简称"Java2")的 3 个版本:J2ME(用于移动环境)、J2SE(用于桌面环境)和 J2EE(用于服务器环境)。

⑦1999 年 4 月 27 日,HotSpot 虚拟机发布。发布时是作为 JDK 1.2 的附加程序提供的,后来它成了 JDK 1.3 及之后版本的默认虚拟机。

⑧2000 年 5 月,Sun 公司相继发布了 JDK 1.3,JDK 1.4 和 J2SE 1.3,几周后其获得了 Apple 公司 Mac OS X 的工业标准的支持。

⑨2001 年 9 月 24 日,Sun 公司发布了 J2EE 1.3。

⑩2002 年 2 月 26 日,Sun 公司发布了 J2SE 1.4。自此,Java 的计算能力有了大幅提升,与 J2SE 1.3 相比,J2SE 1.4 多了近 62% 的类和接口。在这些新特性中,还提供了广泛的 XML 支持、安全套接字(Socket)支持(通过 SSL 与 TLS 协议)、全新的 I/OAPI、正则表达式、日志与断言。

⑪2004 年 9 月 30 日,Sun 公司发布了 J2SE 1.5,使其成为 Java 语言发展史上的又一里程碑。为了体现该版本的重要性,将 J2SE 1.5 更名为 Java SE 5.0(内部版本号 1.5.0),代号为"Tiger",Tiger 包含了从 1996 年发布的 1.0 版本以来的最重大更新,其中包括泛型支持、基本类型的自动装箱、改进的循环、枚举类型、格式化 I/O 及可变参数。

⑫2005 年 6 月,在 Java One 大会上,Sun 公司发布了 Java SE 6。并将 Java 的各种版本更名,如 J2EE 更名为 JavaEE,J2SE 更名为 JavaSE,J2ME 更名为 JavaME。

⑬2006 年 11 月 13 日,Java 技术的发明者 Sun 公司宣布,将 Java 技术作为免费开源软件

对外发布。

⑭2007 年 3 月,全世界所有的开发人员均可对 Java 源代码进行修改。

⑮2009 年,甲骨文公司宣布收购 Sun 公司。

⑯2011 年,Java 7 正式发布。

⑰2014 年,甲骨文公司发布 Java 8 正式版。

⑱2017 年 9 月 21 日,甲骨文公司发布 Java 9 正式版,从这一版本开始,新的发布周期严格遵循时间点,将在每年的 3 月和 9 月发布。

⑲2018 年 3 月 27 日,甲骨文公司发布 Java 10 正式版。

⑳2018 年 9 月 26 日,甲骨文公司发布 Java 11 正式版,这是自 Oracle 宣布以 6 个月为周期更新后发布的第一个长期支持版本。

㉑2019 年 3 月 20 日,Java 12 正式发布。

㉒2019 年 9 月 23 日,Java 13 发布,该版本增加了数据共享、增强的垃圾回收机制、新的 switch 表达式、文本块等新功能。

㉓2020 年 3 月 17 日,Java 14 发布,改进了 NullPointException 和 switch 表达式。

㉔2020 年 9 月 15 日,Java 15 发布,增加了注入加密签名、文本块、隐藏类、外部存储器访问 API、ZGC、模式匹配和 Records 等 14 项功能。

㉕2021 年 3 月 16 日,Java 16 发布,为用户提供了 17 项主要的增强/更改,包括三个孵化器模块和一个预览特性。

2)Java 的特点

(1)简单性

Java 看起来设计得很像 C++,但是为了使语言小和容易熟悉,设计者们将 C++语言中的许多特征去掉了,这些特征是一般程序员很少使用的。例如,Java 不支持 go to 语句,代之以提供 break 和 continue 语句以及异常处理。Java 还剔除了 C++的操作符过载(overload)和多继承特征,并且不使用主文件,免去了预处理程序。因为 Java 没有结构,数组和串都是对象,所以不需要指针。Java 能够自动处理对象的引用和间接引用,实现自动的无用单元收集,使用户不必为存储管理问题烦恼,能将更多的时间和精力花在研发上。

(2)面向对象

Java 是一个面向对象的语言。对于程序员来说,这意味着要注意应用中的数据和操纵数据的方法(method),而不是严格地用过程来思考。在一个面向对象的系统中,类(class)是数据和操作数据的方法集合。数据和方法一起描述对象(object)的状态和行为。每一对象是其状态和行为的封装。类是按一定体系和层次安排的,使得子类可以从超类继承行为。在这个类层次体系中有一个根类,它是具有一般行为的类。Java 程序是用类来组织的。

Java 还包括一个类的扩展集合,分别组成各种程序包(Package),用户可以在自己的程序中使用。例如,Java 提供产生图形用户接口部件的类(java. awt 包),这里 awt 是抽象窗口工具集(abstract windowing toolkit)的缩写,处理输入输出的类(java. io 包)和支持网络功能的类(java. net 包)。

(3)分布性

将 Java 设计成支持在网络上的应用,它是分布式语言。Java 既支持各种层次的网络连接，又以 Socket 类支持可靠的流(stream)网络连接，因此，用户可以创建分布式的客户机和服务器。

网络变成软件应用的分布运载工具。Java 程序只要编写一次，就可随处运行。

（4）编译和解释性

Java 编译程序生成字节码(byte-code)，而不是通常的机器码。即 Java 的编译器会将源程序(*.java)编译为可识别的字节码(*.class 文件)，任意一个操作系统平台只需要有对应的 JVM 就可以逐行解释并运行这些代码。因此，Java 程序可以在任何实现了 Java 解释程序和运行系统(run-time system)的系统上运行。

在一个解释性的环境中，程序开发的标准"链接"阶段消失了。如果说 Java 还有一个"链接"阶段，那么它也只是把新类装进环境的过程，是增量式的、轻量级的过程。因此，Java 支持快速原型和容易试验，它将导致快速程序开发。这是一个与传统的、耗时的"编译、链接和测试"形成鲜明对比的精巧的开发过程。

（5）稳健性

因为 Java 原来是用作编写消费类家用电子产品软件的语言，所以它被设计成写高可靠和稳健软件的语言。Java 消除了某些编程错误，因而用它写可靠软件相当容易。

Java 是一个强类型语言，拥有允许扩展编译时检查潜在类型不匹配问题的功能。Java 要求显式的方法声明，它不支持 C 风格的隐式声明。这些严格要求保证编译程序能捕捉调用错误，这就导致了更可靠的程序。

可靠性方面最重要的增强之一是 Java 的存储模型。Java 不支持指针，它消除了重写存储和讹误数据的可能性。类似地，Java 自动的"无用单元收集"预防存储漏泄和其他有关动态存储分配和解除分配的有害错误。Java 解释程序也执行许多运行时的检查，诸如验证所有数组和串访问是否在界限之内。

异常处理是 Java 中使程序更稳健的另一个特征。异常是某种类似于错误的异常条件出现的信号。使用 try/catch/finally 语句，程序员可以找到出错的处理代码，这就简化了出错处理和恢复的任务。

（6）安全性

Java 的存储分配模型是它防御恶意代码的主要方法之一。因为 Java 没有指针，所以程序员不能得到隐蔽起来的内幕和伪造指针去指向存储器。更重要的是，Java 编译程序不处理存储安排决策，所以程序员不能通过查看声明去猜测类的实际存储安排。编译的 Java 代码中的存储引用在运行时由 Java 解释程序决定实际存储地址。

Java 运行系统使用字节码验证过程来保证装载到网络上的代码不违背任何 Java 语言限制。这个安全机制部分包括类如何从网上装载。例如，装载的类是放在分开的名字空间而不是局部类，预防恶意的小应用程序用它自己的版本来代替标准的 Java 类。

（7）可移植性

Java 使得语言声明不依赖于实现方面。例如，Java 显式说明每个基本数据类型的大小和它的运算行为(这些数据类型由 Java 语法描述)。

Java 环境本身对新的硬件平台和操作系统是可移植的。Java 编译程序也用 Java 编写，而 Java 运行系统用 ANSIC 语言编写。

（8）高性能

Java 是一种先编译后解释的语言，它不如全编译性语言快。但有些情况下性能是很重要的，为了支持这些情况，Java 设计者制作了"及时"编译程序，它能在运行时把 Java 字节码翻译成特定 CPU（中央处理器）的机器代码，也就是实现全编译。

Java 字节码格式设计时考虑这些"及时"编译程序的需要，所以生成机器代码的过程相当简单，它能产生相当好的代码。

（9）多线程性

Java 是多线程语言，提供支持多线程的执行，能处理不同任务，使具有线程的程序设计很容易。Java 的 lang 包提供一个 Thread 类，它支持开始线程、运行线程、停止线程和检查线程状态的方法。

Java 线程支持也包括一组同步原语。这些原语是基于监督程序和条件变量的，由 C. A. R. Haore 开发的广泛使用的同步化方案。用关键词 synchronized，程序员可以说明某些方法在一个类中不能并发地运行。这些方法在监督程序控制下，确保变量维持在一个一致的状态。

（10）动态性

Java 语言是一种适应于变化环境的语言，是一个动态的语言。例如，Java 中的类是根据需要载入的，甚至有些是通过网络获取的。

小 结

本章简单介绍了 Java 语言的起源及发展，并对 Java 语言的特点也作了简单介绍，希望读者能从中对 Java 语言有一个初步的认识。

基础篇

在以下几章中,读者将学习到 Java 开发环境的搭建,常用开发工具介绍及 Eclipse 开发环境的搭建;可以学到 Java 的基本语法规则和 Java 的控制结构,并学习掌握 Java 的类的基本概念及三大特性。

通过对以上内容的学习,希望读者能由此掌握 Java 开发工具 Eclipse 的基本使用方式以及能够使用 Eclipse 来编写基础的 Java 代码,能够正确使用 Java 的封装继承多态等特性来完成代码的编写。

1 | 环境搭建

本章介绍了 Java 开发环境的搭建及 Eclipse 下的 Java 环境配置，并指导读者编写第一个 Java 程序。

【学习目标】

- 了解 Java 开发环境的搭建；
- 了解如何在命令行的状态下编译及运行 Java 程序；
- 知道如何在 Eclipse 中进行 Java 程序的开发。

【能力目标】

能够根据本章所列步骤搭建自己的 Java 开发环境并使用 Eclipse 完成程序。

1.1 Java 开发环境配置

1）在 Windows 系统中安装 Java

首先需要下载 Java 开发工具包 JDK，如图 1.1 所示。

图 1.1　JDK 下载

在下载页面中需要选择接受许可(Accept License Agreement),也可以根据自己的系统选择对应的版本,如图 1.2 所示。本书采用 JDK11 版本作为开发工具,操作系统为 Windows10-x64 位系统,如图 1.3 所示。

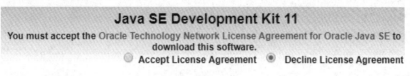

图 1.2　许可选择

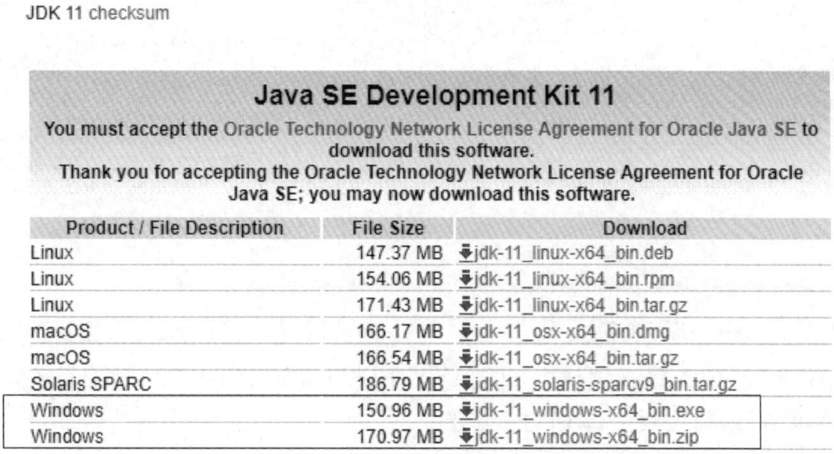

JDK 11 checksum

图 1.3　选择版本——以 Windows10-x64 位系统为例

其中,zip 为解压免安装版,exe 为安装版,任选一个下载即可。安装版的安装根据提示进行,安装 JDK 的同时也会安装 JRE。安装过程中可以自定义安装目录等信息,安装版默认安装目录为"C:\Program Files(x86)\Java\"。解压版可解压至任意位置(但不建议放置在中文目录下,以免出现错误)。

2)配置环境变量

①安装完成后,用鼠标右键单击"我的电脑",再单击"属性",选择"高级系统设置",如图 1.4 所示。

图 1.4　选择"高级系统设置"

②选择"高级"选项卡,单击"环境变量",如图 1.5 所示。

③弹出"环境变量"配置界面,如图 1.6 所示。

图 1.5　选择"环境变量"　　　　　　　图 1.6　"环境变量"配置界面

在"系统变量"中设置 3 项属性,即 JAVA_HOME,Path,CLASSPATH(不区分大小写)。若已存在则单击"编辑";反之,则单击"新建"。

变量设置参数如下:

①变量名:JAVA_HOME

②变量值:C:\Program Files(x86)\Java\jdk1.11(根据实际路径配置)

③变量名:CLASSPATH

④变量值:.;%JAVA_HOME%\lib\dt.jar;%JAVA_HOME%\lib\tools.jar;

　　　　※一定要注意前面有个"."※

⑤变量名:Path

⑥变量值:%JAVA_HOME%\bin;%JAVA_HOME%\jre\bin;

注意:

①在 Windows 10 中,Path 变量是逐条显示的,%JAVA_HOME%\bin;和%JAVA_HOME%\jre\bin;需要分成两条添加,否则无法识别。

②在 zip 版本的根目录中如果没有 jre 文件夹,Path 配置可不写 jre 的配置。

③另外,在 Windows 10 下,出于系统本身的原因,需要将%JAVA_HOME%替换为绝对路径。

④特别提醒:在 jdk 的文件夹名称中不能有中文、空格和"-"号,否则设置无效。

⑤如果使用 1.5 以上版本的 JDK,则不用设置 CLASSPATH 环境变量,也可以正常编译和运行 Java 程序(JAVA_HOME 和 Path 需要设置)。

测试 JDK 是否安装成功:

①单击"开始"->"运行",键入"cmd"。

②键入"java-version"命令,出现如图 1.7 所示的信息,说明环境变量配置成功。

```
Microsoft Windows [版本 10.0.17134.345]
(c) 2018 Microsoft Corporation。保留所有权利。

C:\Users\hasee>java -version
java version "11" 2018-09-25
Java(TM) SE Runtime Environment 18.9 (build 11+28)
Java HotSpot(TM) 64-Bit Server VM 18.9 (build 11+28, mixed mode)
```

图 1.7　Java 版本信息

1.2　编写、编译与运行第一个 Java 程序

配置好环境变量后,就可以开始编写第一个 Java 程序了。

※ 为了操作方便,程序文件直接放在 D 盘根目录下。

在 D 盘根目录下新建一个记事本文件,并重命名为 HelloWorld. java。注意这里一定要把记事本文件的后缀名改为 java,而不是写成 HelloWorld. java. txt,如果看不到 txt 的后缀,则需要在文件夹选项中设置,这里不再赘述。

打开新建文件,如图 1.8 所示。

使用"cmd"命令打开命令提示符窗口,因为 HelloWorld. java 文件是放在 D 盘根目录下的,所以在命令行输入"d:"将当前目录切换至 D 盘;然后输入命令"javac HelloWorld. java"对程序文件进行编译(注意大小写必须与文件名一致),编译成功后会在当前目录下生成名为"HelloWorld. class"的编译文件,之后在命令行输入"java HelloWorld"就可以执行程序,在命令行输出"HelloWorld!",如图 1.9 所示。

图 1.8　第一个 java 程序

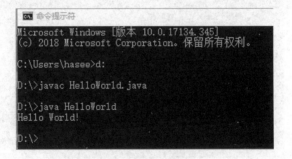

图 1.9　程序的编译及运行

1.3　应用 Eclipse 开发项目

通过前面的操作,相信读者已经能够自己创建一个 Java 程序了,但显而易见的是,通过命令行的方式来编译 Java 程序是比较烦琐的,为了解决这样的问题,本节将向读者介绍一些相关的开发工具,并以 Eclipse 为例来进行 Java 项目的开发。

1.3.1 常用开发工具介绍

1)源码编辑工具

Java 文件本质上是一个文本文件,可以用任何文本文件编辑器打开并编写代码。如记事本、写字板、Word 等。但是这些简单工具没有语法提示、自动完成等功能,不适合初学者。因此,建议选用一些功能比较强大的编写工具,例如,Notepad ++,EditPlus,UltraEdit,Sublime Text,vim 等,具体介绍如下:

(1)Notepad ++

Notepad ++ 是高级记事本工具,支持中文及多国语言编写的功能(UTF8 技术),十分适合编写计算机程序代码。Notepad ++ 不仅有语法高亮度显示,也有语法折叠功能,并且支持宏以及扩充基本功能的外挂模组,如图 1.10 所示。

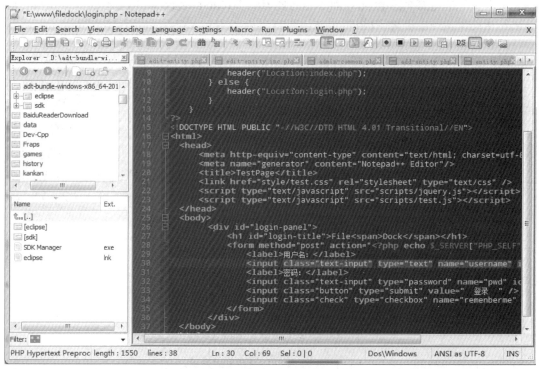

图 1.10 Notepad ++ 界面

(2)EditPlus

EditPlus 是一款由韩国 ES-Computing 公司开发的功能强大的可处理文本、HTML 和程序语言的 Windows 编辑器,甚至可将其作为 C,Java,PHP 等语言的一个简单 IDE。其界面简洁美观,启动速度快;中文支持比较好;支持语法高亮;支持代码折叠;支持代码自动完成,不支持代码提示功能,如图 1.11 所示。

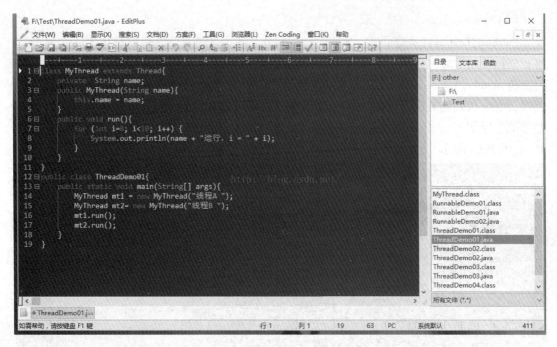

图 1.11　EditPlus 界面

（3）UltraEdit

UltraEdit 可以编辑文本、十六进制、ASCII 码,完全可以取代记事本,但需要花费 49.95 美元注册。它提供了友好界面的编程编辑器,支持语法高亮、代码折叠和宏等功能,内置了对 HTML,PHP 和 JavaScript 等语法的支持,可进行多文件编辑。UltraEdit 界面如图 1.12 所示。

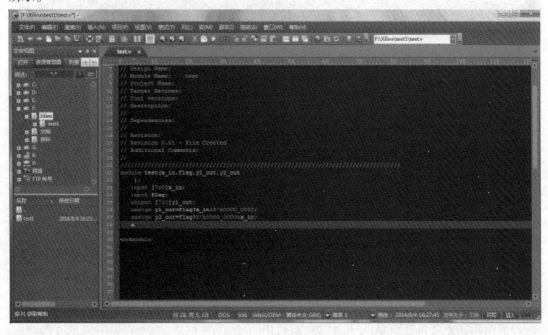

图 1.12　UltraEdit 界面

（4）Sublime Text

Sublime Text 是由程序员 Jon Skinner 于 2008 年 1 月发布的,最初被设计为一个具有丰富扩展功能的 Vim。虽然它是收费软件,但可以无限期试用。它是一个跨平台的编辑器,同时支持 Windows,Linux,Mac OS X 等操作系统。Sublime Text 具有漂亮的用户界面和强大的功能,例如,代码缩略图,Python 插件,代码段等。还可自定义键绑定、菜单和工具栏。其主要功能包括拼写检查、书签、完整的 Python API、Goto 功能、即时项目切换、多选择、多窗口等,如图 1.13 所示。Sublime Text 是目前非常流行的一款编辑器。

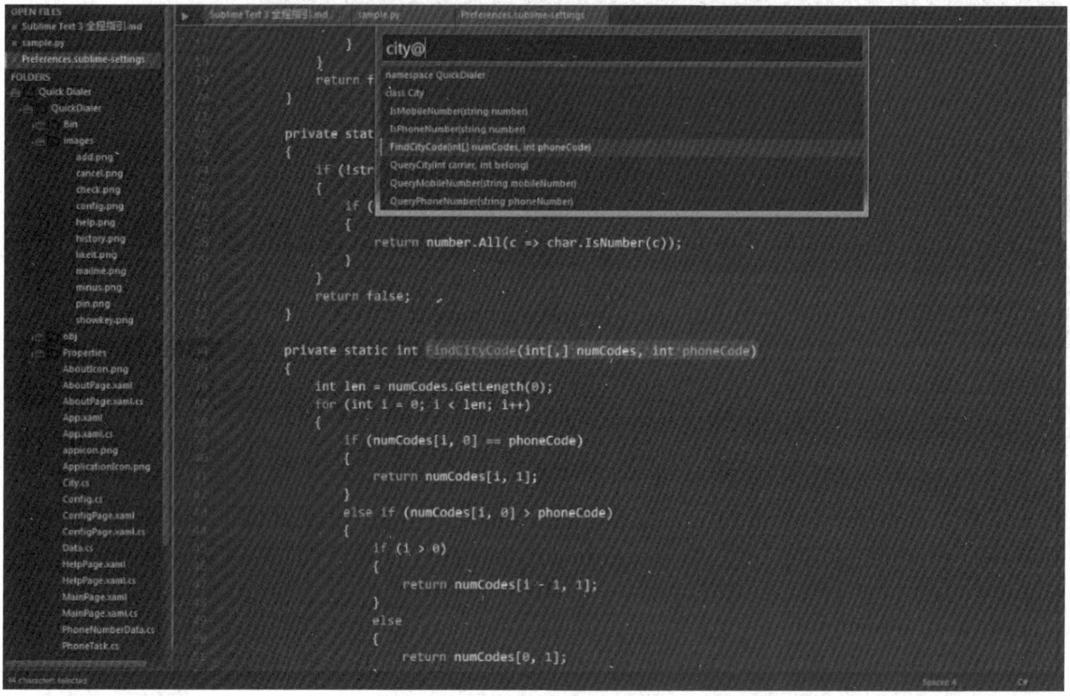

图 1.13　Sublime Text 界面

2）集成开发工具介绍

除了上述介绍的文本类编辑器外,在日常开发中更多的还是选用集成 IDE 作为开发工具,比如当下最流行的两款工具:Eclipse 和 IDEA。所谓集成 IDE 就是把代码的编写、调试、编译、执行都集成到一个工具中,不用单独再为每个环节使用工具,具体介绍如下:

（1）Eclipse

Eclipse 是一个开放源码的项目,最初主要用来开发 Java 语言,通过安装不同的插件可以支持不同的计算机语言,如 C ++ 和 Python 等。Eclipse 本身只是一个框架平台,但是众多插件的支持使得 Eclipse 拥有其他功能相对固定的 IDE 软件很难具有的灵活性。许多软件开发商以 Eclipse 为框架开发自己的 IDE,如图 1.14 所示。

（2）IntelliJ IDEA

IntelliJ IDEA 是一款综合的 Java 编程环境（图 1.15）,它提供了一系列最实用的工具组合:智能编码辅助和自动控制,支持 J2EE,Ant,JUnit 和 CVS 集成,非平行的编码检查和创新的 GUI 设计器。IntelliJ IDEA 与 Java 结合得相当好。支持本地和远程调试,还提供了通常

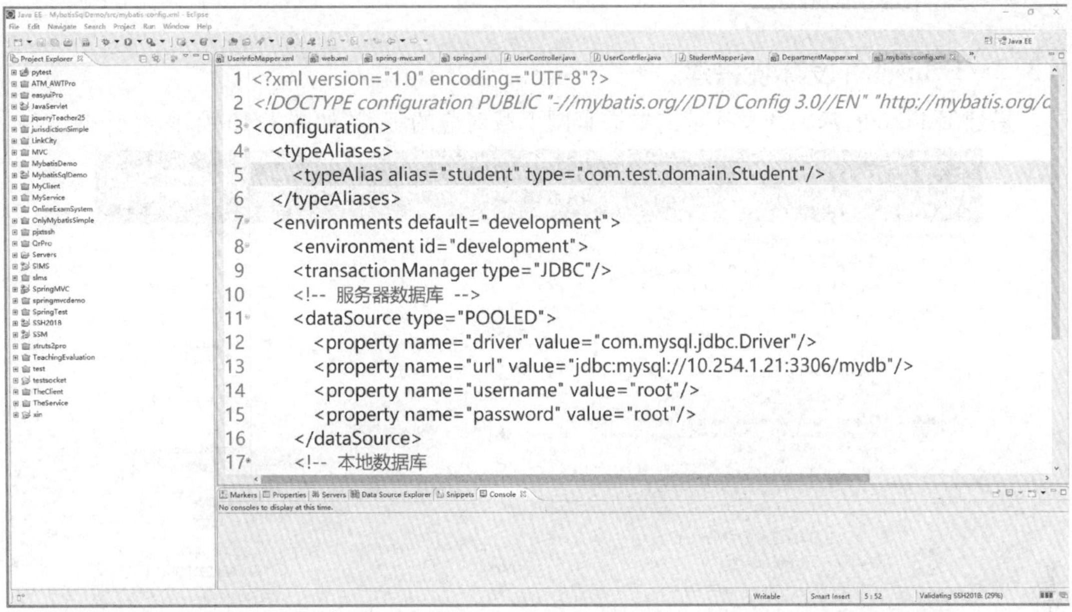

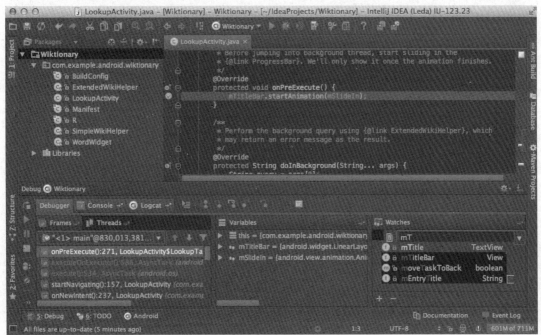

图 1.14　Eclipse 界面

的监视,分步调试以及手动设置断点功能,支持多重的 JVM 设置,同时还会校正 XML,支持
JSP 调试,支持 EJB,支持 Ant 建立工具。

图 1.15　IntelliJ IDEA 界面

　　关于 Java 的集成开发工具还有很多,如 NetBeans,BlueJ,jEdit,DrJava,JCreator,JBulider
等,由于篇幅所限,本章不再赘述,有兴趣的读者可自行上网搜索相关资料。本书将以
Eclipse 为例来搭建 Java 的集成开发环境。

1.3.2 Eclipse 开发环境搭建

搭建 Eclipse 的基础开发环境需要去官网下载对应的版本,如图 1.16 所示。

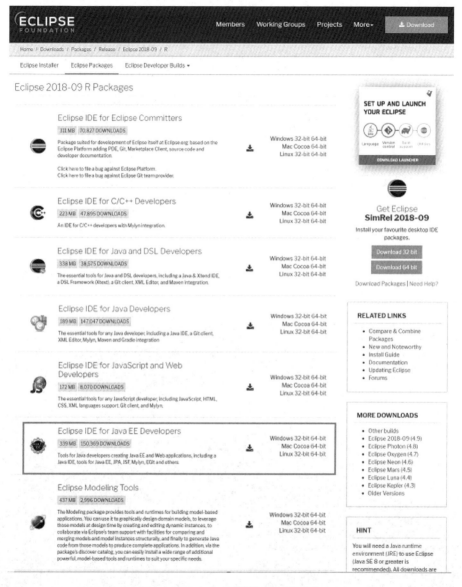

图 1.16 Eclipse 开发版本选择界面

在该地址中可以看到多个 Eclipse 版本的下载链接,这些 Eclipse 分别对应不同的开发环境,比如 Eclipse IDE for Eclipse Committers 就是纯净的未添加插件的基础版本,而 Eclipse IDE for C/C++ Developers 就是对应 C 语言开发的版本,针对本书来讲,选择 Eclipse IDE for Java Developers 这个版本即可满足要求,但为了读者后面的学习需要,建议读者在下载时选择集成了 Java Web 开发环境的 Eclipse IDE for Java EE Developers 这个版本,根据自己的系统选择 32-bit 或 64-bit 版本,本书选择 Windows 64-bit 版本,单击链接"64-bit"即可进入下载界面,如图 1.17 所示。

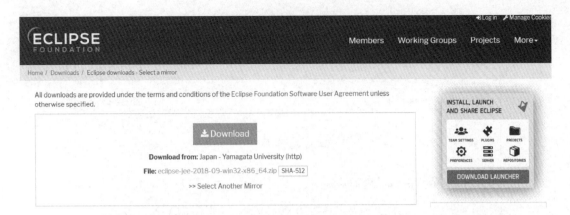

图 1.17　Eclipse 下载界面

单击"Download"按钮即可开始下载,将弹出如图 1.18 所示的对话框,可直接下载也可选择迅雷下载(图 1.19),该链接下载为 zip 压缩包。

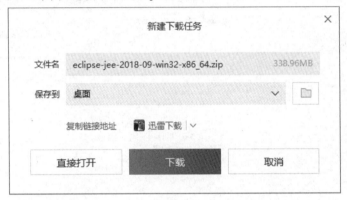

图 1.18　"Eclipse 下载"对话框

图 1.19　Eclipse 迅雷下载

下载后解压对应文件到指定位置(不建议解压到中文目录),如果已经配置好环境变量,双击目录下的 eclipse. exe 启动 Eclipse,启动后会提示选择工作空间,直接选择一个合适的目录即可,如图 1.20 所示。

这里建议勾选"Use this as the default and do not ask again"选项,这样在下次打开 Eclipse 时就不用再选择工作空间了。勾选后单击"Launch"按钮进入主界面。每次打开 Eclipse 都会显示欢迎界面,因此,建议去掉界面右下角的"Always show Welcome at start up"选项上的钩,当再次打开 Eclipse 时就不会出现欢迎界面了。关掉 Welcome 界面,即可看到 Eclipse 主界面,如图 1.21 所示。

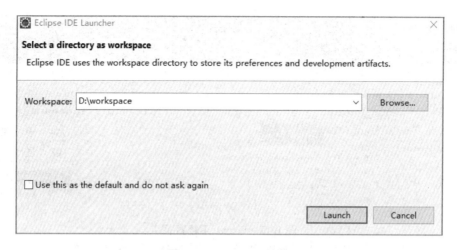

图 1.20　workspace 选择

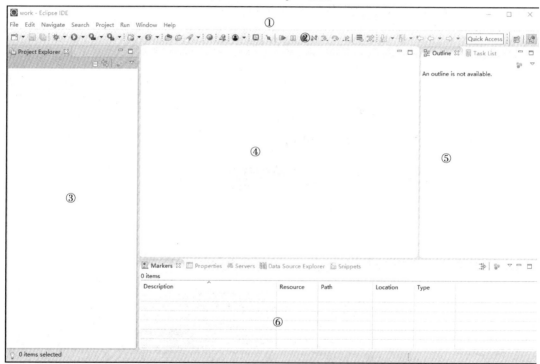

图 1.21　Eclipse 主界面

具体界面说明：

①菜单栏,包括文件、编辑、浏览、搜索、项目、运行、窗口、帮助。

②快捷键栏,设置了常用的快捷键,可自行修改快捷键排列顺序。

③资源管理器,创建项目后,所有的项目会显示在该处。

④编辑器,书写代码的位置。

⑤大纲视图,一般情况下可关闭该视图,便于扩大编辑器栏。

⑥提示栏,包含问题、服务器信息、输出窗口等都会出现在该栏。

※ Eclipse 的汉化方式详见附录1,但本书仍以英文版本为例进行讲解。

1.3.3 创建 Java 项目并运行

①单击菜单栏的 File 链接,在出现的下拉菜单上选择"New"→"Project",如图 1.22 所示。

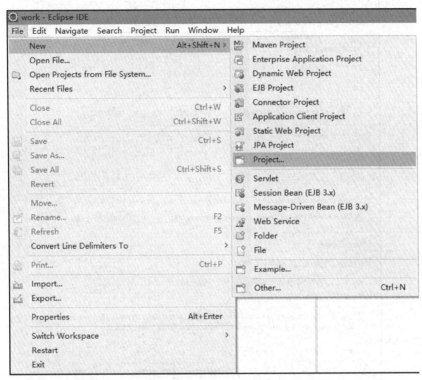

图 1.22 选择"New"→"Project"

②在出现的窗口中选择"Java Project",单击"Next"按钮,如图 1.23 所示。

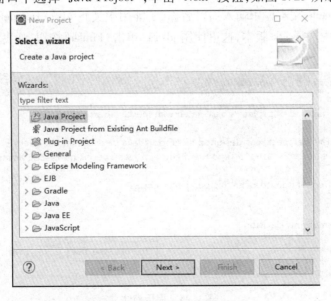

图 1.23 项目类型选择界面

③创建项目界面,如图 1.24 所示。

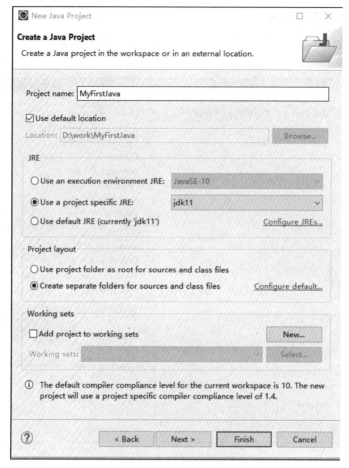

图 1.24　创建项目界面

④在 Project name 文本框中输入项目名称(不能用中文),勾选"Use default location"复选框,在"JRE"选项中选择 jdk 版本,这里使用 jdk11,单击"Finish"按钮,弹出如图 1.25 所示的提示窗体。

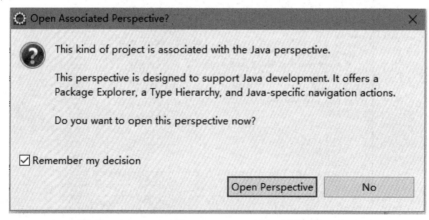

图 1.25　提示窗体

⑤在弹出的提示窗口中勾选"Remember my decision"选项,确保下次不再出现该窗口,然后单击"Open Perspective"按钮打开开发界面,如图1.26所示(已关闭大纲视图)。

图1.26 开发界面

⑥单击项目名称可以打开项目结构,在其中的 src 文件夹上单击鼠标右键,选择"New"→"Class"创建第一个 Java 类,如图1.27所示。

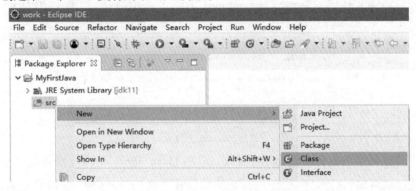

图1.27 创建 Java 类

⑦在弹出窗口的"Name"位置输入该类名称:HelloWorld,同时勾选"Public static void main(String[] args)"复选框,勾选后,程序会自动创建入口 main 函数,如图1.28所示。

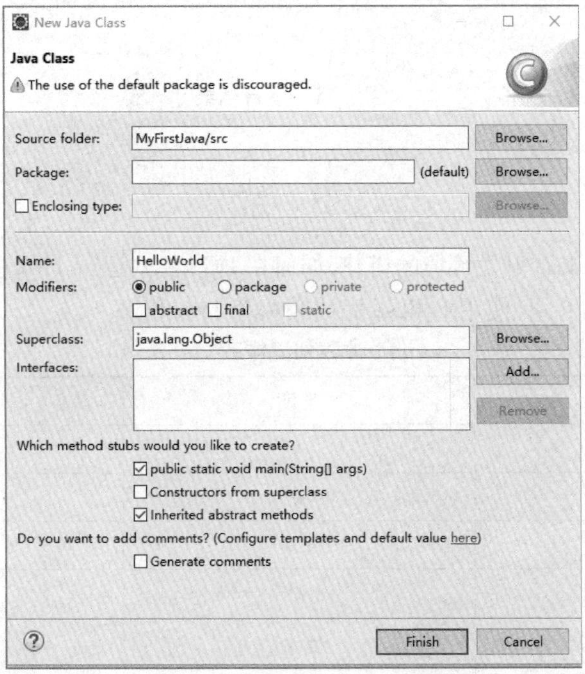

图1.28 创建入口 main 函数

⑧单击"Finish"按钮,Eclipse 将会创建一个带有入口 main 函数的 class 文件,如图 1.29 所示。

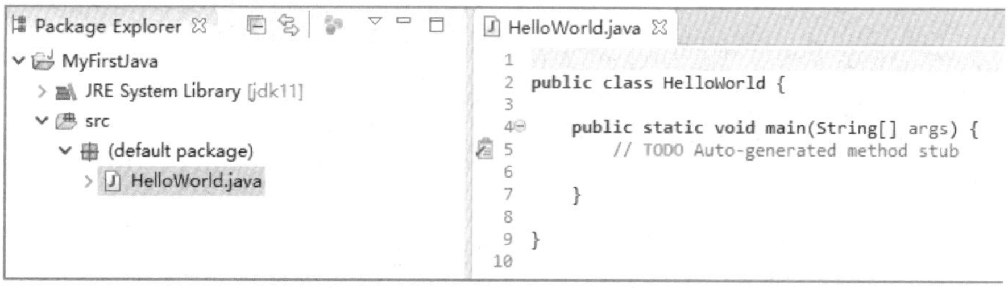

图 1.29　完成 Java 类的创建

⑨接着只需输入代码:"System. out. println("HelloWorld!");",如图 1.30 所示。

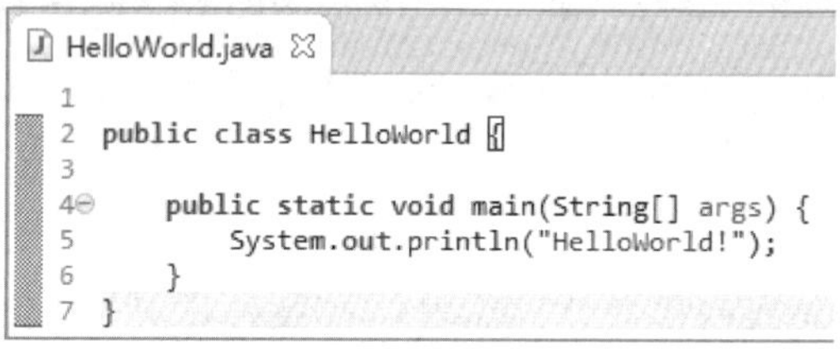

图 1.30　输入代码

⑩在代码区域单击鼠标右键,选择"Run as"→"Java Application",或者选择快捷键栏中的　　　按钮,也可以运行程序,程序运行成功后会在下面的"Console"窗口显示运行结果,如图 1.31 所示。

图 1.31　运行结果

小　结

本章简单介绍了 Java 开发环境的搭建,如何在 DOS 模式运行 Java 程序,并对常见的 Java 开发工具做了简单的介绍,使用 Eclipse 完成第一个 Java 程序。

本章知识体系

知识点	难度	重要性
Java 起源	★	★
版本历史	★	★
环境配置	★★	★★★★
常用的开发工具	★	★
Eclipse 的使用	★★	★★★★★
编写 Java 程序	★★	★★★

章节练习题

使用 Eclipse 编写一个小程序，使其可以在控制台输出"Hello！Java"。

2 | Java 基本语法规则

本章介绍了 Java 的基本语法规则、数据类型及数据类型的相互转换、运算符的分类和使用方式及表达式的运用。

【学习目标】

- 了解 Java 的基本语法规则;
- 了解 Java 的数据类型;
- 了解 Java 的运算符和表达式;
- 了解 Java 数组的概念。

【能力目标】

能够理解并根据 Java 的语法规则完成相关代码,能够合理使用运算符和表达式进行简单的逻辑运算,能够理解并使用相关数据类型。

2.1 标识符与关键字

本节将对 Java 语言的标识符、关键字、分隔符和注释方式进行详细的介绍,便于读者掌握这些 Java 基础知识点。

2.1.1 标识符

标识符:可以理解为是一个名字。它可以用于对类名、变量名、常量名、方法名、参数名、包名等的修饰。

1)命名规则

①以字母、下画线、$ 开头,其后可以是字母、下画线、$、数字,但不能以数字开头,不能带有除下画线、$ 以外的其他符号,例如,a1,_test, $end 都是合法命名,但是 1a,@ a,a#这样的命名则是不合法的。

②标识符对大小写敏感,如"Hello"与"hello"是不相同的。

③不能把 Java 关键字、保留字作为标识符。

2)命名要求

①标识符的长度无限制,但一般不超过 15 个字符。

②建议使用英文单词,一般不建议使用拼音或无意义的字符串组合。

③建议变量名称、参数名称、方法名称等采用驼峰命名法(首字母小写,后面单词的首字母大写,比如 selectUserById)命名。

④建议类名的每个首字母大写。

2.1.2　关键字

Java 包括48 个关键字、2 个保留字、3 个直接变量,都是小写,不能使用这些关键字来命名类、方法或变量。

1)关键字

Java 关键字列表见表2.1。

表 2.1　Java 关键字列表

abstract	assert	boolean	break	byte	case
catch	char	class	continue	default	do
double	else	enum	extends	final	finally
float	for	if	implements	import	int
interface	instanceof	long	native	new	package
private	protected	public	return	short	static
strictfp	super	switch	synchronized	this	throw
throws	transient	try	void	volatile	while

2)直接变量

直接变量有 3 个:true,false,null。

3)保留字

保留字有两个:goto 和 const。

每个关键字的具体用法将有专门的相关知识点来讲解,该小节只作介绍。其中,比较特殊的是 goto 和 const 这两个单词,它们在 Java 语言中已不再使用,但仍被作为保留字。

另外,由于 Java 是严格区分大小写的,同一个单词小写的是关键字,大写的则不是,例如,char 是关键字,但 CHAR 则不是。

2.1.3　分隔符

Java 语言里的分号(;)、花括号({})、方括号([ ])、圆括号(( ))、空格、圆点(.)都具有特殊的分隔作用,因此被统称为分隔符。

①分号:Java 语言采用分号(;)作为语句的结束标记,因此每个 Java 语句必须使用分号作为结尾。

注意:Java 语句可以跨越多行书写,但字符串和变量名不能跨越多行。虽然 Java 语法允许一行书写多个语句,但是在程序的可读性上应避免在一行书写多个语句。

②花括号:其作用就是定义一个代码块,一个代码块指的就是"{"和"}"所包含的一段代码,代码块在逻辑上是一个整体。花括号一般是成对出现的,有一个"{"则必然有一个"}";反之,亦然。

③方括号:其主要作用是用于访问数组元素,方括号通常紧跟数组变量名,而方括号里指定希望访问的数组元素的索引。

④圆括号:圆括号是一个功能非常丰富的分隔符,定义方法时必须使用圆括号来包含所有的形参声明,调用方法时也必须使用圆括号来传入实参值等。

⑤空格:Java语言里使用空格分隔一条语句的不同部分。Java语言是一门格式自由的语言,所以空格几乎可以出现在Java程序的任何部分,也可以出现任意多个空格,但不要使用空格把一个变量名隔开成两个,这会导致程序出错。

Java语言中的空格包含空格符(Space)、制表符(Tab)和回车(Enter)等。使用空格来合理缩进Java代码,可以使Java程序代码有更好的可读性。

⑥圆点:圆点(.)通常用作类/对象和它的成员(包括Field、方法和内部类)之间的分隔符。

2.1.4　注释

Java的注释有3种,分别是:

①单行注释:// 注释内容。

一般用于对一行Java语句作用的描述。

②多行注释:/ * ... 注释内容... * /。

一般用于对Java方法的描述。

③文档注释:/ * * ... 注释内容... * /。

这种注释可以用来自动地生成帮助文档。在JDK中有个javadoc工具,可以由源文件生成一个HTML格式的帮助文档。使用这种方式注释源文件的内容,显得很专业,并且可以随着源文件的保存而保存起来。也就是说,当修改源文件时,也可能对这个源代码的需求等一些注释性的文字进行修改,那么,这时可以将源代码和文档一同保存,而不用再另外创建一个文档。

文档注释根据所在位置的不同大致分为以下4种:

①类注释。用于说明整个类的功能、特性等,它应放在所有的"import"语句之后,在class定义之前。这个规则也适用于接口(interface)注释。

②方法注释。用来说明方法的定义,例如,方法的参数、返回值及说明方法的作用等。方法注释应放在它所描述的方法定义前。

③属性注释。默认情况下,javadoc只对公有(public)属性和受保护属性(protected)产生文档——通常是静态常量。

④包注释。类、方法、属性的注释都可直接放在Java的源文件中,而包注释则无法放到Java文件中去,只能通过在包对应的目录中添加一个package.html的文件来达到这个目的。当生成HTML文件时,package.html文件的 < BODY > 和 </BODY > 部分的内容将会被提取

出来当作包的说明。关于包注释,后面还有更进一步的解释。

文档注释包含一些特殊的注解,使用这些注解可以在最后生成的帮助文档时生成相关的链接,读者在单击这些链接时可以跳转到对应的位置,使文档具有更好的可读性。注解说明如下:

- @ author:作者。
- @ version:版本。
- @ docroot:表示产生文档的根路径。
- @ deprecated:不推荐使用的方法。
- @ param:方法的参数类型。
- @ return:方法的返回类型。
- @ see:用于指定参考的内容。
- @ exception:抛出的异常。
- @ throws:抛出的异常,与 exception 同义。

2.2 数据类型

本节将介绍 Java 语言中变量和常量的概念,两大数据类型,即基本数据类型和引用数据类型。类型之间的转换,数组类型以及从 Java10 开始出现的隐式变量的用法,便于读者掌握相关知识点。

2.2.1 变量与常量

1)变量

变量是指内存中的一个存储区域,当创建变量时,需要在内存中申请空间。内存管理系统根据变量的类型为变量分配存储空间,在 Java 语言中,每种变量类型所分配的存储空间长度都不一样,因此,分配的空间只能用来储存该类型数据。

变量的使用注意事项:

- Java 中的变量必须声明后才能使用;
- 变量的作用域:一对∤∤中的区域为有效区间(关于作用域,详见 2.2.2 节);
- 需要进行初始化后才能使用变量;
- 变量的值在程序中可以随时更改,但必须是同一类型的值;
- 不同类型的变量之间,类型转换要遵循一定的规则(详见 2.2.7 节)。

创建变量的基本格式:

> 数据类型 变量名 = 初始化值;

例如:int a = 10;就是创建了一个整型的变量 a,其值为 10。

2)常量

与变量不同的是,常量一经初始赋值后,在程序运行时都不能修改。若在使用某个常量时发现赋值不正确,则只能在常量的初始化代码处进行修改或重新定义新的常量。

在 Java 中使用 final 关键字来修饰常量,声明方式和变量类似,例如:

> final double PI = 3.1415927;

虽然常量名也可以用小写,但为了便于识别,通常使用大写字母表示常量,并且一般情况下常量的命名不使用驼峰命名法,若常量名包含多个单词,则会使用下画线加以分割,类似于 USER_ADMIN_TYPE 这样的命名方式。

2.2.2　变量作用域

Java 的变量并不是在代码中所有的位置都有用,一般将变量分为全局变量和局部变量。全局变量是在程序范围之内都有效的变量,而局部变量只是在部分位置有效。

在 Java 中,全局变量在同一个类的任意位置都可以访问和使用。而局部变量就是在该类中某个方法、函数内或某个继承该类的子类中有效的变量,代码实例如下:

1) 全局变量示例

```
public class VarSimple {
    //整型变量 temp 是全局变量,在该类的任意位置都可以访问和使用
    int temp = 10;
    //内部方法
    void print() {
        System.out.println("全局变量 temp = " + temp);
    }
    /* 程序入口,通常放在类的末尾 */
    public static void main(String[ ] args) {
        //实例化 VarSimple,这样才可以调用该类中的方法
        VarSimple varSimple = new VarSimple();
        //调用 print()方法
        varSimple.print();
    }
}
```

运行结果为:

全局变量 temp = 10

从以上例子可以看出,变量"temp"的值在整个类中都有效。

注意:在 Java 程序中,若程序主要代码不是直接写在 main 入口方法中,则必须实例化类后才可以调用。

2）局部变量示例

```
public class VarSimple{
    //内部方法
    void print(){
        //整型变量 temp 是局部变量,只能在声明该变量的方法内使用
        int temp = 20;
    }
    /* 程序入口,通常放在类的末尾 */
    public static void main(String[ ] args){
        //实例化 VarSimple,这样才可以调用该类中的方法
        VarSimple varSimple = new VarSimple();
        //输出局部变量 temp 的值
        System.out.println("这是局部变量 temp =" + temp);
    }
}
```

以上代码无法通过编译,在输出的代码处会直接提示错误:"temp cannot be resolved to a variable",意思是"temp"不能解析为一个变量。这说明在 print( )方法中定义的变量"temp"只在方法"print( )"中起作用,在方法外则程序无法识别。

从上述代码中可以看出,如果一个变量在类中定义,那么这个变量就是全局变量;而在类中的方法、函数中定义的变量就是局部变量。

2.2.3 整数类型

整数类型是 Java 的基本数据类型之一。按照取值范围从小到大分为 4 种,分别为 byte,short,int 和 long,具体说明如下:

1）byte

byte 数据类型是 8 位、有符号的,以二进制补码表示的整数。

最小值是 $-128(-2^7)$,最大值是 $127(2^7-1)$,默认值为 0。

byte 类型的取值范围不大,当程序中所需的数字大小不超过 ±127 时,可以用 byte 类型代替 int 类型,因为 byte 类型的变量占用的空间只有 int 类型变量的四分之一。

例如:byte x = 100,byte y = -50。

2）short

short 数据类型是 16 位、有符号的,以二进制补码表示的整数。

最小值是 $-32768(-2^{15})$,最大值是 $32767(2^{15}-1)$,默认值为 0。

short 数据类型也可以像 byte 一样节省空间。当所需数字大小不超过 ±32767 时,建议使用 short 类型,一个 short 变量是 int 型变量所占空间的二分之一。

例如:short s = 1000,short r = -20000。

3）int

int 数据类型是 32 位、有符号的,以二进制补码表示的整数。

最小值是 -2147483648（-2^{31}），最大值是 2147483647（$2^{31}-1$），默认值为 0。

一般地，整型变量默认为 int 类型，其取值范围可以满足绝大部分程序的需求。

例如：int a = 100000，int b = -200000。

4）long

long 数据类型是 64 位、有符号的，以二进制补码表示的整数。

最小值是 -9223372036854775808（-2^{63}），最大值是 9223372036854775807（$2^{63}-1$）；这种类型主要使用在需要比较大整数的系统上；默认值为 0 或 0 L。

例如：long a = 100000L，long b = -200000。

数字后的"L"理论上不分大小写，但是若写成"l"容易与数字"1"混淆，不容易分辨。所以最好大写，这个 L 写与不写会影响变量的值的大小，但可以使程序员明确该变量的取值范围。

2.2.4 浮点数类型

浮点数类型是 Java 的基本数据类型之一。按照取值范围从小到大分为两种，分别是 float 和 double，具体说明如下：

1）float（单精度浮点型）

float 数据类型是单精度、32 位、符合 IEEE 754 标准的浮点数。

float 在储存大型浮点数组时可节省内存空间。

取值范围为 1.4×10^{-45}（-2^{128}）~ 3.402823×10^{38}（2^{127}），在程序中用含有 e 的公式表示为 $1.4e-45$ ~ $3.402823e+38$，其中，e + 38 就代表乘以 10 的 38 次方。默认值是 0.0f 或 0；一般情况下可以不写后面的 f，但如果使用科学计数法则必须加上 f。

例如：float f1 = 234.5，float f2 = 3.4e + 12f。

浮点数不能用来表示精确的值，如货币、人数等。

2）double（双精度浮点型）

double 数据类型是双精度、64 位、符合 IEEE 754 标准的浮点数。

浮点数的默认类型为 double 类型。

取值范围为 4.9×10^{-324}（-2^{1024}）~ $1.7976931348623157 \times 10^{308}$（$2^{1023}$），在程序中也可以用含有 e 的公式表示为 $4.9e-324$ ~ $1.7976931348623157e+308$。默认值是 0.0d 或 0；一般情况下可以不写后面的 d，但如果使用科学计数法则必须加上 d。

double 类型同样不能表示精确的值，如货币。

例如：double d1 = 123.4，double d2 = 3.4e + 32d。

※ 因为浮点型的数据是不能完全精确的，所以在计算时可能会在小数点最后几位出现浮动，这是正常的。float 的精度为 7 ~ 8 位有效数字，double 的精度为 15 ~ 16 位有效数字。

2.2.5 布尔类型

布尔类型是 Java 的基本数据类型之一。只有一种 boolean 类型。

boolean 类型只有两个取值：true 和 false。一般只作为一种标志来记录逻辑结构为 true 或 false 的情况，不能用于计算，默认值是 false。

例如：boolean one ＝ true。

2.2.6　字符类型

字符类型是 Java 的基本数据类型之一。只有一种 char 类型。

char 类型是一个单一的 16 位 Unicode 字符，一个 char 数据占 2 个字节。

最小值是 \u0000，最大值是 \uffff；该范围并非数字，而是一个包含了 65536 个字符的 Unicode 表。

char 数据类型可以储存任意**单个**字符；所有的 ASCII 码都可用 char 类型表示。

例如：char letter ＝ 'A'；。

2.2.7　数据类型之间的相互转换

1）类型转换

在 Java 中整型、浮点型、字符型数据可以混合运算。在运算中，不同类型的数据会根据规则转化为同一类型，然后进行运算，有自动类型转换和强制类型转换两种方式。

2）自动转换只能从低级到高级

必须满足转换前的数据类型的位数要低于转换后的数据类型且数据类型之间必须兼容，例如，short 数据类型的位数为 16 位，就可以自动转换位数为 32 位的 int 类型，同样 float 数据类型的位数为 32 位，可以自动转换为 64 位的 double 类型，而 String 类型就不能自动转换为整型。

3）自动类型转换级别顺序

低　-->　高

byte，short，char—>　int—>　long—>　float—> double

自动类型转换由于是从小到大的转换，所以不会丢失精度。

4）强制类型转换

当需要将高级类型向低级类型转换时，如 double 转换为 char，或者是不兼容的类型间相互转换，例如，用 int 转换为 String，有类似情况时，就要使用强制类型转换。

数据类型转换必须满足如下规则：

①不能把对象类型转换成不相关类的对象。

②在把容量大的类型转换为容量小的类型时必须使用强制类型转换。

③转换过程中可能导致溢出或损失精度（从高级类型向低级类型转换时），例如：

```
int i =128;    //整型变量
byte b =(byte)i;    //强制转换为 byte 类型
```

因为 byte 类型是 8 位，最大值为 127，所以当 int 强制转换为 byte 类型时，值为 128 时就会导致溢出。当输出变量 b 时，由于值的溢出，会显示 b 的值是［－128］。

④浮点数到整数的转换是通过舍弃小数得到的,而不是四舍五入,例如:

(int)23.7 == 23; 或 (int)-45.89f == -45

(1)自动类型转换实例

```
char cTest1 ='a';            //定义一个 char 类型
int iTest1 =cTest1;          //char 自动类型转换为 int
System.out.println("char 自动类型转换为 int 后的值等于" + iTest1);
char cTest2 ='A';            //定义一个 char 类型
int iTest2 =cTest2 +1;       //char 类型和 int 类型计算
System.out.println("char 类型和 int 计算后的值等于" +iTest2);
```

运行结果为:

char 自动类型转换为 int 后的值等于 97

char 类型和 int 计算后的值等于 66

解析:cTest1 的值为字符 a,查 ASCII 码表可知对应的 int 类型值为 97,由于 A 对应值为 65,所以 iTest2 = 65 + 1 = 66。

(2)强制类型转换

必要条件是转换的数据类型必须是兼容的,不能将 Map 类型转换为整型,例如:

```
int iTest1 = 123;
byte bTest = (byte)iTest1;        //强制类型转换为 byte
System.out.println("int 强制类型转换为 byte 后的值等于"+bTest);
```

运行结果为:

int 强制类型转换为 byte 后的值等于 123

(3)隐含强制类型转换

①整数的默认类型是 int。

②浮点型没有这种情况,因为在定义 float 类型时必须在数字后面跟上 F 或者 f。

2.2.8　隐式变量

隐式变量为 Java10 新增的一种变量,Java11 中对该类型的变量有新的设置。所谓隐式变量是一种通俗的说法,特指不需要在声明变量时指定变量的类型,而交由程序自行判断,这种变量的正式名称是局部变量类型推断(JEP 286)。JEP 286 引入了 var,用于声明局部变量,于 2018 年 3 月随 Java10 的版本推出。

要使用隐式变量,除了使用的版本为 Java10 以上的 JDK 之外,还需要设置 Eclipse 的编译器版本为 10(默认为 1.4);否则,Eclipse 无法识别。具体设置步骤:在项目上单击鼠标右键,选择"project"→"properties"→"Java compiler"→"10",如图 2.1 所示。

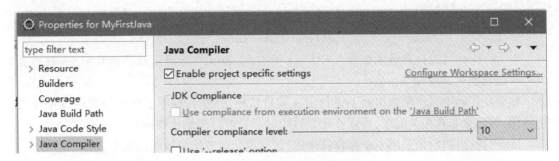

图2.1 编译器版本设置

声明隐式变量的关键字为 var。

```
var sTemp = 25;          //隐式变量,无须声明为整型
int iTemp = 4;           //整型变量
sTemp = "test";          //错误的赋值方式,隐式变量的类型声明后不能修改
System.out.println(sTemp + iTemp);
```

在以上代码中,变量 sTemp 并未声明为整型变量,而是由赋值的内容决定的,其赋值为25,则变量 sTemp 就是整型,程序输出的结果为29。

※ 虽然隐式变量使用 var 作为声明词(var 不是关键字),看起来与 JavaScript 中的变量声明关键字 var 一样,但使用方式则不同,Java 中的隐式变量在声明后类型不能更改。

※ 隐式变量的正式名称是局部变量类型推断,顾名思义,该变量只能用在局部变量中,不能作为全局变量使用。

※ 隐式变量声明时必须初始化(即声明时赋值),不能出现先声明一个没有值的变量,在后面的代码中再赋值的情况。

※ 任何类型的变量都可以赋值给隐式变量。

※ 隐式变量可以在 for 循环中使用,但不能用于方法的返回值。

Java11 中将允许在声明隐式类型的 lambda 表达式的形式参数时使用 var(关于 lambda 表达式详见2.3.2节),例如:

(var x, var y) -> x. process(y)

或者干脆省略掉 var 符号

(x, y) -> x. process(y)

隐式变量的优点:使用隐式变量可以使得程序的可读性更好,可以避免出现过长的变量声明,使程序结构整齐美观。

2.2.9 一维数组

Java 的数组是一个容器,其中保存的内容是数据,并且同一个数组中的数据一定是相同的数据类型,由一组相同类型的数据组成的数组就是一维数组。

※ 一般情况下,一个数组最大的长度是一个 int 的最大值,也就是2147483647。

可以用任意的数据类型来声明并定义数组,但一旦定义了一个数组,这个数组就只能存放该类型的数据,声明数组的风格有两种:int[ ] array 和 int array[ ]。这两种风格的使用效果是一样的,但通常使用 int[ ] array 这种声明风格,其结构可表示为:

数据类型[ ]数组名称

dataType[ ]arrayName

※ int array[ ]这种声明风格来自 C/C++ 语言,在 Java 中采用是为了让 C/C++ 程序员能够快速地理解 Java 语言。

如果在代码中只声明数组而不进行定义就直接使用数组,程序会提示该数组变量没有初始化,因此除非有相关需求,否则在定义数组时都要进行初始化操作。

Java 的数组初始化采用 new 操作符来进行,初始化时要定义数组的大小,格式为:

数组名称 = new 数据类型[大小]

arrayName = new dataType[size]

以前面的 int 类型数组为例,一个完整的数组定义代码为:

```
int [ ] array;
array = new int[10];
```

以上代码也可简写为:

```
int [ ] array = new int[10];
```

此时,一个大小为 10 的整型数组便创建完成,该数组包含 10 个元素,由于没有为具体的元素赋值,所以 10 个元素默认都为 0;但 0 不是唯一的默认值,根据数据类型的不同,其默认值也不相同。

各类型的数组默认值如下:

- 整型(byte、short、int、long)默认值为 0。
- 浮点型(float、double)默认值为 0.0。
- String 为引用数据类型,默认值为 null。
- char 类型的默认值是 u/0000(非常规字符),如果直接输出不会有任何显示。
- boolean 类型的默认值是 false。
- Jdk10 新增的隐式变量类型 var 不能用来声明数组。

以 int 类型数组为例,如果数组元素的默认值都为 0,那么如何给予数组所需的值呢? 有以下两种方法:

1)静态赋值

(1)静态赋值方式 1

这种赋值方式是整体赋值,需要一次性给数组的所有元素赋值,有以下两种写法。

```
int [ ]array = {1,2,3,4,5};
int [ ]array = new int [ ] {1,2,3,4,5};   //注意这种方式的中括号中不能写数字
```

(2)静态赋值方式 2

数组的赋值也可以对单个元素独立赋值,如先定义一个大小确定的数组再逐个为数组元素赋值:

```
int [ ] array = new int[3];
array[0] = 3;
array[1] = 6;
array[2] = 7;
```

在该实例中涉及了一个很重要的知识点:**数组的下标**。在以上代码中,以 array[0] = 3 为例,其中的 0 就是数组的下标(也可以称为数组元素的编号),也是一个数组第一个元素的序号。和通常意义的序号从 1 开始不同,Java 中数组的序号是从 0 开始的,也就是说,如果一个数组中包含 5 个元素,其中元素的下标顺序就是 0,1,2,3,4,而不是 1,2,3,4,5。以上面这个大小为 3 的数组为例,其最后一个元素的位置是 array[2]而不是 array[3]。如果为 array[3]赋值,在编译时不会出错,但运行时会抛出数组越界的异常(ArrayIndexOutOfBounds-Exception),因此在为数组赋值时,尤其是动态方式赋值时要特别注意数组越界的问题。

静态赋值适用于数组的值已经明确的情况下,这时直接将数组的值输入即可,但这种方式不适用于数组值过多或者需要及时获取用户输入值的情况,而这种未知初始值的情况才是常态,所以通常情况下会采用动态赋值的方式,一般在循环体中执行。

2)动态赋值

```
int []array = new int[5];
for(int i = 0; i < 5; i++) {
    array[i] = i;              //将变量 i 的值逐一放入数组中
}
```

声明数组时没有初始值,在程序运行的过程中获得,在这个过程中,随着程序的不同会有不同的值保存到数组中,值类型必须和数组类型一致,否则程序无法编译通过。

2.2.10 二维数组

二维数组同一维数组一样可以用任意的数据类型来声明并定义数组,同样是定义后不能更改,声明风格和一维数组一致,但在结构上有一点区别,可表示为:

数据类型[ ][ ]数组名称
dataType[ ][ ]arrayName

同一维数组一样,二维数组在声明时也需使用 new 关键字来初始化并同时定义数组的大小,格式为:

数组名称 = new 数据类型[大小][大小]
arrayName = new dataType[size][size]

以 int 类型数组为例,一个完整的二维数组定义代码为:

```
int [ ][ ] array = new int[5][6];
```

这样就定义了一个大小为 5,并且每一个元素都是一个大小为 6 的一维数组的整型二维数组,该数组共包含 5×6 = 30 个元素,没有为具体的元素赋值,30 个元素默认都为 0。给二维数组赋值同样分为静态赋值和动态赋值。

1)静态赋值

二维数组的元素数量较多,在静态赋值时有多种组合方式:

```
//方法一:
int array1[ ][ ] = {{1,2},{3,4},{5,6}};     //分行的赋值方法,每行元素数量一致
//方法二:
int array2[ ][ ] = {{1,2},{3,4,5},{6}};     //分行的赋值方法,每行元素数量不一致
```

也可以逐个指定：

```
//方法三:先声明,再逐个指定
int[ ][ ] array = new int[2][2];
array[0][1] =1;
array[0][2] =2;
array[1][1] =3;
array[1][2] =4;
```

同一维数组一样,静态赋值方式不适用于数组值过多或者需要及时获取用户输入值的情况,所以通常情况下会采用动态赋值的方式。

2）动态赋值

从前面的数组结构可以看出,二维数组是在数组中又放了子数组,因此,一般不能像一维数组一样用单一循环的方式来逐个赋值,而是采取嵌套循环的方式,例如：

```
//声明一个 2 ×7 的数组为 2 行 7 列
int[ ][ ] myArray = new int[2][7];
//使用嵌套 for 循环逐个给数组元素赋值
//外层循环,遍历行
for (int i = 0; i < myArray.length; ++i) {
    //内层循环,遍历每一行的每一列
    for (int j = 0; j < myArray[i].length; ++j) {
        myArray[i][j] = i + j;
    }
}
```

总体来说,二维数组的赋值和一维数组的赋值区别不大,主要在于二维数组在赋值时需要指定赋值给第几行、第几列,要特别注意行和列的下标都是从 0 开始的,除此之外,其操作和一维数组一样。

※ 从原则上讲,Java 的数组是可以无限扩展的,例如,可以定义类似于 int array[ ][ ][ ] 这样的三维数组,甚至 int array[ ][ ][ ][ ] 四维数组,乃至更高维的数组都可以。虽然 Java 语言不限制维度的数量,但 Java VM 规范将维度的数量限制为 255,也就是说,一个维度超过 255 的数组在编译时无法通过编译器识别,数组类型描述符只有在代表 255 个或更少的维度时才有效。但在实际应用中,除非有必要,否则极少使用超过三维的数组。

2.3 运算符和表达式

计算机的最基本用途之一就是执行数学运算,同其他成熟的计算机语言一样,Java 也提供了各种类型的运算符来进行相关的计算。在 Java 中,以分号结尾的一句程序代码就被称为表达式。下面分别对这两个知识点进行介绍。

2.3.1　运算符

根据具体功能的不同,可以将运算符分成以下几组。

1)算术运算符

算术运算符用在数学表达式中,它们的作用和在数学中的作用一样。表2.2列出了所有的算术运算符(表格中的实例假设整数变量 A 的值为10,变量 B 的值为20)。

表2.2　算术运算符列表

操作符	描　述	例　子
+	加法	A + B 等于 30
−	减法	A − B 等于 − 10
*	乘法	A * B 等于 200
/	除法	B/A 等于 2
%	取余(取模)	B% A 等于 0

下列示例程序演示了各个算术运算符的运算结果。

```
int x = 10;  int y = 20;  int z = 25;
System.out.print("x + y = " + (x + y) + "\t");      //求和
System.out.print("x - y = " + (x - y) + "\t");      //求差
System.out.println("x * y = " + (x * y));           //求积
System.out.print("y /x = " + (y /x) + "\t");        //求商
System.out.print("y % x = " + (y % x) + "\t");      //取模(无余数)
System.out.println("z % x = " + (z % x));           //取模(有余数)
```

运行结果如下:

```
x + y = 30    x − y = −10    x * y = 200
y / x = 2     y % x = 0      z % x = 5
```

2)自增自减运算符

自增自减运算符通常用在程序中变量只有加 1 或减 1 变化时,是一种特殊的算术运算符,和其他运算符不同的是自增自减运算符只需一个操作数。并且根据" ++ "或" −− "运算符的位置不同,其计算结果也不同,运算符在变量前称为前缀,在变量后称为后缀。

表2.3 中的实例假设整数变量 A 的值为20。

表2.3　自增自减运算符列表

操作符	描　述	例　子
++	自增:操作数的值增加 1	A ++ 或 ++ A 等于 21
−−	自减:操作数的值减少 1	A −− 或 −− A 等于 19

实例：

```
int w = 10;
System.out.print("w后缀自增的结果为:" + (w++));
System.out.println(";完成后 w 的值为:" + w);
int x = 10;
System.out.print("x前缀自增的结果为:" + (++x));
System.out.println(";完成后 x 的值为:" + x);
int y = 10;
System.out.print("y 后缀自减的结果为:" + (y--));
System.out.println(";完成后 y 的值为:" + y);
int z = 10;
System.out.print("z 前缀自减的结果为:" + (--z));
System.out.println(";完成后 z 的值为:" + z);
```

运行结果为：

---

w 后缀自增的结果为:10;完成后 w 的值为:11

x 前缀自增的结果为:11;完成后 x 的值为:11

y 后缀自减的结果为:10;完成后 y 的值为:9

z 前缀自减的结果为:9;完成后 z 的值为:9

解析：

前缀自增自减法（++a,--a）：先进行自增或者自减运算,再进行表达式运算。

后缀自增自减法（a++,a--）：先进行表达式运算,再进行自增或者自减运算。

总结：

通常情况下,自增自减运算符使用并不频繁,一般用在 for 循环语句中,或者用在需要变量进行逐个自增自减的语句中,例如,需要计数的代码,使用自增自减运算符可以适当地简化代码。

3)关系运算符

表 2.4 为 Java 支持的关系运算符,关系运算符用来判断两个操作数之间的大小关系,如等于、大于、小于、不等于等运算符。

表 2.4 中的实例,整数变量 A 的值为 10,变量 B 的值为 20。

表 2.4　关系运算符列表

运算符	描　述	例　子
==	判断两个操作数的值是否相等	(A == B)为假
! =	判断两个操作数的值是否相等	(A! = B)为真
>	判断左操作数的值是否大于右操作数的值	(A > B)为假
<	判断左操作数的值是否小于右操作数的值	(A < B)为真
>=	判断左操作数的值是否大于或等于右操作数的值	(A >= B)为假
<=	判断左操作数的值是否小于或等于右操作数的值	(A <= B)为真

下列示例程序演示了关系运算符：

```
int x = 10;
int y = 20;
System.out.println("判断[x > y]的结果是:" + (x > y));
System.out.println("判断[x < y]的结果是:" + (x < y));
System.out.println("判断[x == y]的结果是:" + (x == y));
System.out.println("判断[x ! = y]的结果是:" + (x ! = y));
System.out.println("判断[y >= x]的结果是:" + (y >= x));
System.out.println("判断[y <= x]的结果是:" + (y <= x));
```

运行结果为：

判断[x > y]的结果是:false

判断[x < y]的结果是:true

判断[x == y]的结果是:false

判断[x ! = y]的结果是:true

判断[y >= x]的结果是:true

判断[y <= x]的结果是:false

4）位运算符

Java 定义了位运算符，应用在整数类型（int）、长整型（long）、短整型（short）、字符型（char）和字节型（byte）等类型。位运算符作用在整型对应的二进制数的所有位上，并且按位运算，例如，整型是按照 32 位二进制进行运算的。表 2.5 列出了位运算符的基本运算（其二进制结果均省略了前面 24 位为 0 或为 1 的二进制格式，只保留了最后几位）。

以下假设整数变量 A 的值为 89 和变量 B 的值为 27：

表 2.5 位运算符列表

操作符	描　述	例　子
&	对应位都是 1,则结果为 1,否则为 0	(A&B),得到 25,即 00011001
|	对应位都是 0,则结果为 0,否则为 1	(A丨B)得到 91,即 00111011
^	对应位相同,则结果为 0,否则为 1	(A^B)得到 66,即 01000010
~	翻转每一位,即 0 变成 1,1 变成 0	(~A)得到 −90,即 10100110
<<	按位左移运算符	A<<2 得到 356,即 111100100
>>	带符号右移	A>>2 得到 22 即 00010110
>>>	无符号右移	A>>>2 得到 22 即 00010110

下列示例程序演示了位运算符：

```
int x = 89; /* 对应二进制为 01011001 */
int y = 27; /* 对应二进制为 00011011 */
/* & 按位与,结果为 25,对应二进制为 00011001 */
```

```
System.out.print("x & y = " + (x & y) + "\t");
/* |按位或,结果为91,对应二进制为00111011 */
System.out.print("x | y = " + (x | y) + "\t");
/* ^按位异或,结果为66,对应二进制为01000010 */
System.out.println("x ^ y = " + (x ^ y));
/* ~按位取反,结果为-90,对应二进制为10100110,前面的1省略 */
System.out.print("~x = " + (~x) + "\t");
/* 结果为356,对应二进制为000111100100 */
System.out.print("x << 2 = " + (x << 2) + "\t");
/* 结果为22,对应二进制为00010110 */
System.out.println("x > >2   ="+(x > >2));
```

运行结果为:

x & y = 25	x ∣ y = 91	x ^ y = 66
~ x = −90	x << 2 = 356	x >> 2 = 22

解析:

要完全理解位运算符,只需要将对应数字完整的二进制数放在一起比较就很清楚了,下面用完整的二进制数进行说明,一个 int 类型的数字可以用 32 位二进制数表示。

比如:

89 对应　00000000000000000000000001011001

27 对应　00000000000000000000000000011011

& 按位与　00000000000000000000000000011001 即 25

可以很容易地看出按位与(&)就是对应位都是 1,结果就为 1,反之为 0;

89 对应　00000000000000000000000001011001

27 对应　00000000000000000000000000011011

∣ 按位或　00000000000000000000000001111011 即 91

可以很容易地看出按位或(∣)就是对应位都是 0,结果就为 1,反之为 0;

89 对应　00000000000000000000000001011001

27 对应　00000000000000000000000000011011

^按位异或　00000000000000000000000001000010 即 66

可以很容易地看出按位异或(^)就是对应位值相同返回 0,反之为 1;

89 对应　00000000000000000000000001011001

~ 按位取反　11111111111111111111111110100110 即 −90

可以很容易地看出按位取反(~)就是把 0 变成 1,1 变成 0;

89 对应　000000000000000000000000000**1011001**

<<2 左位移 2 位　0000000000000000000000000**1011001**00 即 356

可以很容易地看向左位移就是把二进制数向左移动对应的位数,空的位置补 0;

89 对应　000000000000000000000000000**1011001**

>>2 右位移 2 位　OOOOOOOOOOOOOOOOOOOOOOOOOO**10110** 即 22

可以很容易地看出向右位移就是把二进制数向右移动对应的位数,空的位置补 0,超出的位数会被忽略;

89 对应　OOOOOOOOOOOOOOOOOOOOOOOOO**1011001**

>>>2 右位移 2 位　OOOOOOOOOOOOOOOOOOOOOOOOOOO**10110** 即 22

该结果同上面的 > > 位移结果,但二者又有区别: > > 是带符号右移,正数右移高位补 0,负数右移高位补 1,比如 4 > > 1,结果是 2; -4 > > 1,结果是 -2。-2 > > 1,结果是 -1。而 > > > 是无符号右移,会在高位补 0,这个操作会使得负数变为正数。因此,对于正数来说, > > 和 > > > 没什么区别,但负数则不一样,比如 -2 > > > 1,结果是 2147483647。

总结:

位运算符的优势在于计算速度极快,因为位运算是底层运算,效率很高;但可读性相对普通运算来说则不那么友好。

5)逻辑运算符

表 2.6 列出了逻辑运算符的基本运算,假设布尔变量 A 为真,变量 B 为假。

表 2.6　逻辑运算符列表

操作符	描　述	例　子
&&	逻辑与运算符。当且仅当两个操作数都为真,条件才为真	(A && B)为假
||	逻辑或操作符。如果两个操作数任何一个为真,条件才为真	(A || B)为真
!	逻辑非运算符。如果条件为 true,那么逻辑非运算符将得到 false	!（A && B)为真

下列示例程序演示了逻辑运算符:

```
boolean t = true;
boolean f = false;
System.out.println("t && f = " + (t && f));
System.out.println("t || f = " + (t || f));
System.out.println("! (t && f) = " + ! (t && f));
```

运行结果为:

t && f = false

t ‖ f = true

! (t && f) = true

&& 运算符在使用时有一个特点,当用作判断的两个操作数都为 true 时,结果才为 true,但是当得到第一个操作为 false 时,其结果就必定是 false,这时程序就不会再判断第二个操作符,假设第二个操作符是赋值语句,则变量不会被赋值;只有当第一个操作符为 true 时,才会对第二个操作符进行判断或计算。因此,&& 运算符又可称为"**短路逻辑运算符**"。例如:

```
int iTest = 6;
boolean bTest = (iTest <5)&&(iTest ++ <12);
System.out.println("使用短路逻辑运算符的结果为" +bTest);
System.out.println("iTest 的结果为" + iTest);
```

运行结果为：

使用短路逻辑运算符的结果为 false
iTest 的结果为 6

解析：

该程序使用(&&)运算符时，首先判断 iTest <5 的结果为 false，则变量 bTest 的结果必定是 false，无论第二个操作符 iTest ++ <12 的结果是真还是假，都不再对其进行判断。因此也不会执行 iTest ++，所以 iTest 的值仍然是 6。

6) 赋值运算符

表 2.7 列出了赋值运算符的基本运算。

表 2.7　赋值运算符列表

操作符	描　　述	例　　子
=	简单的赋值运算符	C = A + B：把 A + B 的值赋给 C
+ =	加和赋值操作符	C + = A 等价于 C = C + A
− =	减和赋值操作符	C − = A 等价于 C = C − A
* =	乘和赋值操作符	C * = A 等价于 C = C * A
/ =	除和赋值操作符	C / = A 等价于 C = C / A
% =	取模和赋值操作符	C% = A 等价于 C = C%A
<<=	左移位赋值运算符	C <<= 2 等价于 C = C << 2
>>=	右移位赋值运算符	C >>= 2 等价于 C = C >> 2
& =	按位与赋值运算符	C& = 2 等价于 C = C&2
^=	按位异或赋值操作符	C^= 2 等价于 C = C^2
| =	按位或赋值操作符	C | = 2 等价于 C = C | 2

下列示例程序演示了赋值运算符：

```
int a = 15;
int b = 20;    System.out.print("b 原来的值为:" + b);
b += 15;       System.out.println("\t 执行 b + = 15 后 b 的值为:" + b);
int c = 23;    System.out.print("c 原来的值为:" + c);
c − = 11;      System.out.println("\t 执行 c − = 11 后 c 的值为:" + c);
int d = 35;    System.out.print("d 原来的值为:" + d);
d * = 2;       System.out.println("\t 执行 d * = 2 后 d 的值为:" + d);
```

```
int e = 40;      System.out.print("e 原来的值为:" + e);
e /= 5;          System.out.println("\t 执行 e /= 5 后 e 的值为:" + e);
int f = 16;      System.out.print("f 原来的值为:" + f);
f % = 3;         System.out.println("\t 执行 f % = 3 后 f 的值为:" + f);
int g = 22;      System.out.print("g 原来的值为:" + g);
g <<= 3;         System.out.println("\t 执行 g <<= 3 后 g 的值为:" + g);
int h = 31;      System.out.print("h 原来的值为:" + h);
h >> = 3;        System.out.println("\t 执行 h > > = 3 后 h 的值为:" + h);
int i = 45;      System.out.print("i 原来的值为:" + i);
i & = 3;         System.out.println("\t 执行 i & = 3 后 i 的值为:" + i);
int j = 53;      System.out.print("j 原来的值为:" + j);
j ^= 3;          System.out.println("\t 执行 j ^= 3 后 j 的值为:" + j);
int k = 16;      System.out.print("k 原来的值为:" + k);
k | = 3;         System.out.println("\t 执行 k |= 3 后 k 的值为:" + k);
```

运行结果为:

b 原来的值为:20	执行 b + = 15 后 b 的值为:35
c 原来的值为:23	执行 c – = 11 后 c 的值为:12
d 原来的值为:35	执行 d * 2 后 d 的值为:70
e 原来的值为:40	执行 e / = 5 后 e 的值为:8
f 原来的值为:16	执行 f % = 3 后 f 的值为:1
g 原来的值为:22	执行 g <<= 3 后 g 的值为:176
h 原来的值为:31	执行 h > > = 3 后 h 的值为:3
i 原来的值为:45	执行 i & = 3 后 i 的值为:1
j 原来的值为:53	执行 j ^= 3 后 j 的值为:54
k 原来的值为:16	执行 k	= 3 后 k 的值为:19

合理使用赋值运算符可以在一定程度上减少代码量,提高代码的可读性。

7)条件运算符(?:)

条件运算符也称为三元运算符。该运算符有 3 个操作数,并且需要判断布尔表达式的值。该运算符会根据判断条件来决定将哪个值赋值给变量,格式如下:

变量 x	判断条件	条件为真时	条件为假时
variable x =	(expression) ?	value if true :	value if false

下列示例程序演示了赋值运算符:

```
int x, y;
x = 10;
y = (x < 15) ? 20 : 30;      //如果 x < 15 成立,则 y =20,否则为 30
System.out.println("判断条件为真时 y 的值是:" + y);
y = (x > 35) ? 20 : 30;      //如果 x > 35 成立,则 =y=20,否则为 30
System.out.println("判断条件为假时 y 的值是:" + y);
```

运行结果为：

判断条件为真时 y 的值是:20

判断条件为假时 y 的值是:30

解析：

在这个运算符中,当判断条件(问号左边的代码段)为真时,程序会执行冒号左边的代码段;当判断条件为假时,程序会执行冒号右边的代码段。

总结:相对其他运算符,三元运算符可以说是一种比较复杂的逻辑运算符,使用该运算符可以减少一定的代码量,一般用于需要简单的判断之后分别赋值的情况,在一定程度上可以和后面要学习的分支语句互换,但三元运算符不能处理复杂的程序结构,不能直接替代分支语句。

8)instanceof 运算符

该运算符用于操作对象实例,检查该对象是否为一个特定类型。

instanceof 运算符使用格式如下：

Object instanceof **class**

如果 object 是 class 的一个实例,则 instanceof 运算符返回 true。如果 object 不是指定类的一个实例,或者 object 是 null,则返回 false。

下列示例程序演示了赋值运算符：

```
String name = "Leonardo DiCaprio";
boolean result = name instanceof String;
System.out.println(result);
```

上面的变量 name 是 String 类型,所以返回 true,如果被比较的对象兼容于右侧类型(如右侧对象的子类),也会返回 true。

2.3.2　运算符优先级

当多个运算符出现在一个表达式中,谁先谁后呢? 这就涉及运算符的优先级别问题。在一个多运算符的表达式中,运算符优先级不同会导致最后得出的结果差别较大。在通常的数学运算程序中,运算符加减乘除和括号等的运算完全遵循数学中的四则运算规则,代码的运行会严格遵循优先级规则,表 2.8 中具有最高优先级的运算符序号为 1,最低优先级的序号为 14。

表 2.8　运算符优先级

优先级	类别	操作符	关联性
1	后缀	( ) [ ] . (点操作符)	左到右
2	一元	+ + - ! ~	右到左
3	乘性	* /%	左到右

优先级	类别	操作符	关联性
4	加性	+ -	左到右
5	移位	> > > > > << <<	左到右
6	关系	> > = << =	左到右
7	相等	== ! =	左到右
8	按位与	&	左到右
9	按位异或	^	左到右
10	按位或	|	左到右
11	逻辑与	&&	左到右
12	逻辑或	||	左到右
13	条件	?:	右到左
14	赋值	= + = - = * = / = % = > > = << =& = ^ = | =	右到左

技巧：要记住所有运算符的优先级是比较困难的，因此读者应在实际应用中多加练习。

2.3.3 表达式

以分号（;）结尾的一段代码,称为一个表达式,在书写代码时,需特别注意分号要使用半角的分号,而不能使用全角的分号（即中文模式的分号）。完整的表达式是由变量、操作符以及方法调用所构成的结构。下面的代码都是表达式:

①int i = 5;
②System. out. println(5);
③;(一个单独的分号也是一个完整的表达式,编译时编译器会直接忽略)。

2.3.4 编程风格

Java 的编程风格有 Allmans 风格和 Kernighan 风格两种。
①Allmans 风格又称为"独行风格",即左右大括号（"{","}"）各自独占一行。

```
public class Sum
{
    public static void main(String[] args)
    {
        System.out.println("HelloWorld");
    }
}
```

②Kernighan 风格又称为"行尾风格",即左大括号（"{"）在上一行的行尾,右大括号（"}"）独占一行。

45

```
public class Sum {
    System.out.println("HelloWorld");
}
```

在代码的书写格式上也要遵循一定的规范：

①合理的缩进代码：在每个代码块和嵌套中加入缩进，加强可读性。

②断开过长的代码：过长的代码尽量避免，如果代码中有逗号，应在逗号后换行并对其代码。

③使用空白：关键字和左括号之间，右括号和紧随其后的关键字，除了"."之外的运算符与其前后的表达式之间用空格隔开。每个逻辑上独立的方法和代码段之间，定义类或者接口的成员之间，每个类和接口之间应加入空白行。

④命名约定：其名称应具有实际意义；使用人们熟悉的名称；谨慎使用过长的名字，可以使用简明通用的缩写；缩写词的第一个字母大写。

小　结

本章介绍了 Java 的标识符和关键字，数据类型分类以及相互之间的转换方式，并对 Java10 新增的隐式变量做了说明，讲解了 Java 运算符和表达式的使用。

本章知识体系

知识点	难度	重要性
Java 标识符	★	★
Java 关键字	★	★★
Java 分隔符和注释	★★	★★★★
Java 数据类型	★★★	★★★★★
Java 运算符和表达式	★★	★★★
运算符优先级	★★	★★★

章节练习题

一、选择题

1. 下列哪项不属于 Java 语言的基本数据类型？（　　　）

A. int　　　　　　B. String　　　　　　C. double　　　　　　D. boolean

2. 下列哪项不是 int 类型的字面量？（　　　）

A. \u03A6　　　　B. 077　　　　　　　C. OxABBC　　　　　D. 20

3. 下列哪项不是有效的标识符？（　　　）

A. userName　　　B. 2test　　　　　　C. $change　　　　　D. _password

4. 下列哪项是 Java 语言中所规定的注释样式？（　　　）（多选）

A. //单行注释　　　　　　　　　　　　B. -- 单行注释

C. / * 单行或多行注释 */　　　　　　　D. /kk

5. 下列哪项不是 Java 语言的关键字?（　　　）

A. goto　　　　　　B. sizeof　　　　　　C. instanceof　　　　　　D. volatile

6. 现有以下 5 个声明:

Line1:inta_really_really_really_long_variable_name = 5;

Line2:int_hi = 6;

Line3:intbig = Integer. getlnteger("7");

Line4:int $ dollars = 8;

Line5:int % opercent = 9;

哪行无法通过编译?（　　　）

A. Line1　　　　　B. Line3　　　　　　C. Line4　　　　　　　D. Line5

7. 现有代码片段:

String s = "123";

String sl = S + 456;

请问 sl 的结果是哪项?（　　　）

A.123456　　　　　B.579　　　　　　C. 编译错误　　　　　　D. 运行时抛出异常

二、程序题

1. 设 int a = 9;分别求出 a + = 10, a - = 5, a * = 8, a/ = 3 的结果。

2. 设 int x = 8;分别求出 ++x 和 x ++ 的结果。

3. 设 int a = 9, b = 9;求出 System. out. print(a > b);的结果。

4. 输入圆的半径,并以此求圆的周长、圆的面积、圆球的表面积、圆球的体积。输出结果时要求有文字说明。

3 | Java 控制结构

本章将对 Java 的流程控制结构的几种常见结构分别进行详细介绍,包括其结构、用法等知识点,便于读者掌握这些 Java 流程控制结构的使用方法,并以数组为例来讲解控制语句的使用,使读者加深对控制语句的理解。

【学习目标】

- 了解 Java 的流程控制结构;
- 掌握 Java 流程控制结构的用法;
- 掌握 Java 流程控制结构的实际应用;
- 了解 Java 的数组概念;
- 掌握 Java 数组的基本用法。

【能力目标】

能够理解并使用 Java 的流程控制结构完成相关代码,能够合理使用流程控制结构进行相关代码的编写,能够使用控制语句来操作数组。

3.1　顺序结构

Java 的顺序结构就是默认的 Java 程序结构,在没有任何分支、循环、跳转或方法调用语句的情况下,Java 会遵循从上到下的执行顺序,也就是顺序结构,实例代码如下:

```
System.out.println("输出第一句。");
System.out.println("输出第二句。");
System.out.println("输出第三句。");
```

该程序的执行结果为:

输出第一句。
输出第二句。
输出第三句。

除非有其他程序结构存在,在默认情况下,Java 程序都会按照顺序结构从上到下一步一步执行程序。

3.2 分支结构

Java 的分支结构主要分为 if 分支结构和 switch 分支结构。if 分支会使用到 3 个关键字：if,else,elseif。它们主要用于对若干个条件的判断,根据判断的结果执行不同的程序结构,又称为条件判断结构;当判断条件非常多时,建议使用 switch 分支结构。

1)if 分支结构

if 分支结构根据分支数量的不同可分为 3 种类型：

(1)单一分支

单一分支流程图如图 3.1 所示。

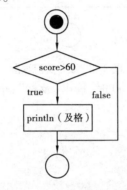

图 3.1 单一分支流程图

流程图解析:当条件 score 大于 60 时,输出"及格",否则,就退出程序。

用伪代码表示为:

```
if(比较表达式){
    语句体;
}
```

执行流程:

①判断比较表达式的值,看是 true 还是 false。

②如果是 true,就执行语句体。

③如果是 false,就不执行语句体。

实例代码如下:

```
int score = 75;
if(score >60){
    System.out.println("及格");
}
```

该程序的执行结果为:

及格

当给变量 score 赋值为 60 以下的数字时,由于不满足 score >60 的条件,程序不会有任何输出结果。

（2）双分支

双分支流程图如图 3.2 所示。

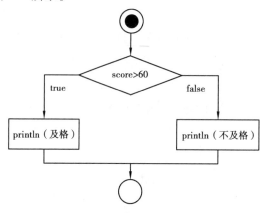

图 3.2　双分支流程图

流程图解析：当条件 score 大于 60 时，输出"及格"，小于 60，则输出"不及格"。

用伪代码表示为：

```
if(比较表达式){
    语句体1;
}else{
    语句体2;
}
```

执行流程：

①判断比较表达式的值，看是 true 还是 false。

②如果是 true，就执行语句体 1；如果是 false，就执行语句体 2。

实例代码如下：

```
int score = 35;
if (score >60){
    System.out.println("及格");
}else{
    System.out.println("不及格");
}
```

该程序的执行结果为（当给变量 score 赋值为 60 以上的数字时，则输出"及格"）：

不及格

（3）多分支

多分支流程图如图 3.3 所示。

流程图解析：当条件 score 小于 60 时，输出"不及格"；大于 60 但小于 70，则输出"中"；大于 70 时，输出"良"。用伪代码表示为：

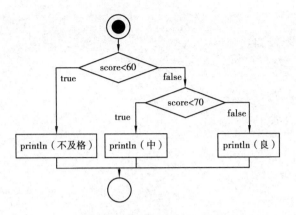

图 3.3　多分支结构流程图

```
if(比较表达式1){
    语句体1;
}else if(比较表达式2){
    语句体2;
} else {
    语句体3;
}
```

执行流程:

①判断比较表达式的值,看是 true 还是 false。

②如果是 true,就执行语句体 1。

③如果是 false,就继续判断比较表达式 2 的值,看是 true 还是 false。

④如果是 true,就执行语句体 2;如果是 false,就执行语句体 3。

实例代码如下:

```
int score = 75;
if(score < 60){
    System.out.println("不及格");
}else if(score < 70){
    System.out.println("中");
} else {
    System.out.println("良");
}
```

该程序的执行结果为:

良

该类型的分支结构可以无限制地增加分支,用伪代码可表示为如下的无限分支结构:

```
if(比较表达式1){
    语句体1;
}else if(比较表达式2){
```

```
    语句体 2;
}else if(比较表达式 3){
    语句体 3;
}
……
else if(比较表达式 n){
    语句体 n;
}else{
    语句体 n+1;
}
```

在分支结构中可以增加任意数量的 elseif 语句块来完成多分支结构,但从程序的可读性上来讲不建议增加到 10 个分支以上。

※ 注意事项:

①比较表达式无论简单还是复杂,结果都应该是 boolean 类型,但不建议在比较表达式位置使用复杂的语句。

②if 大括号中的语句体如果只有一条语句,是可以省略大括号的;如果是多条,则不能省。**建议:永远不要省略大括号。**

③大括号的前后都不用加分号。

④else 后面如果没有 if,是不会出现比较表达式的。

⑤3 种 if 语句都是每次只要有一个分支被执行,其他的就不再执行。

⑥任意一个三元运算符都可以改造为 if-else 结构。

⑦比较表达式的比较内容应该是唯一的,不能有范围交差,也就是说,在同一个 if-else if-else 结构中,不能前一个 if 判断 60~70,后一个 if 判断 55~65,这样的范围交差虽然不会出现程序错误,但最后的判断结果是错误的。

2)switch-case 分支结构

switch-case 分支结构主要用于判断条件较多的情况,在一定程度上可以和 if-else if-else 多分支结构互换,下面用一个简单的程序来演示 switch-case 结构,其流程图如图 3.4 所示。

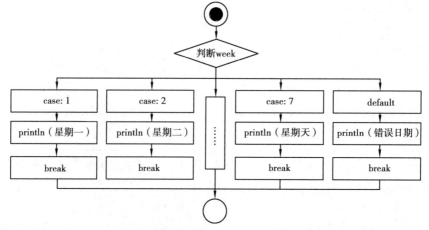

图 3.4   switch-case 结构流程图

流程图解析:判断输入变量 week 的值,如果是 1 就输出"星期一",如果是 2 就输出"星期二",以此类推,如果是 7 就输出"星期天",如果 week 的值不是 1~7 中的任何一个数字,则输出"错误日期"。

用伪代码表示为(中括号里的语句可省略):

```
switch (表达式) {
    case 值1:
        语句序列1;
        [break];
    case 值2:
        语句序列2;
        [break];
    .....
    case 值n:
        语句序列n;
        [break];
    [default:
        默认语句;]
}
```

※ 注意事项:

①switch 语句会根据表达式的值从相匹配的 case 标签处开始执行,一直执行到 break 语句处或者是 switch 语句的末尾。

②与任一 case 值不匹配,则进入 default 语句(如果有的话)。

③case 标签后面的值不能重复。

④case 标签后面的值必须是整数或者枚举类型。

实例代码如下:

```
int week = 2;
    switch (week) {
    case 1:System.out.println("星期一");break;
    case 2:System.out.println("星期二");break;
    case 3:System.out.println("星期三");break;
    case 4:System.out.println("星期四");break;
    case 5:System.out.println("星期五");break;
    case 6:System.out.println("星期六");break;
    case 7:System.out.println("星期天");break;
    default:System.out.println("错误日期");break;
```

该程序的执行结果为:

星期二

---

switch-case 结构中是可以省略 break 语句的,以上面的代码为例,假设去掉所有的

break,设置变量 week =6,执行结果为:

星期六
星期天
错误日期

为什么会出现这种情况？因为在去掉 break 之后,switch 语句块就不能在执行正确的语句块后正常退出,而是会从该语句块往后继续执行,直到遇到 break 才会退出程序,如果整个 switch 语句体都没有 break,则会在执行 default 语句块中的语句后退出;若没有 default 语句块,则在执行最后一个 case 语句后退出。

因此,除非程序要求,否则语句中的任何 break 语句都不能去掉。

3.3　循环结构

当开发内容是需要将一段程序或方法重复执行若干次时,就会用到循环结构;Java 的循环结构主要分为两种:for 循环、while(do-while)循环,两种循环结构大部分情况下可以相互转换。

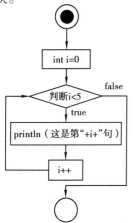

图 3.5　for 循环结构流程图

1)for 循环结构

for 循环结构是使用频率相当高的循环结构,下面用一个简单的程序来演示 for 循环结构,假设要循环输出 5 句话,其流程图如图 3.5 所示。

流程图解析:for 循环中变量 i 的初始值为 0,判断条件为 i <5,满足该条件,进入循环体代码块。执行其中的语句,结束后 i 增加 1(i ++),此时 i 的值变为 1,仍然满足条件 i <5,继续执行循环体代码块,结束后 i 增加 1(i ++),此时 i 的值变为 2。重复此过程直到 i 的值变为 5,不再满足 i <5 的条件,循环退出。

该结构用伪代码可表示为:

```
for(初始化变量;条件判断表达式;变量增减表达式){
    循环体代码块
}
```

以上结构的实际代码语句为:

```
for (int i =0;i <5;i ++) {
    System.out.println("输出第' + i +'句。");
}
```

该程序的执行结果为:

输出第 0 句。
输出第 1 句。

输出第 2 句。

输出第 3 句。

输出第 4 句。

程序说明:变量 i 从 0 开始到 5 结束,但最后 i 的值为 5 时不会进行输出,因为此时已经不满足 i < 5 的判断条件,所以不再输出。

for 循环进阶应用 1-输出九九表:

输出九九表是一个非常典型的 for 循环代码,与前面的代码区别在于在这个程序中要使用嵌套的 for 循环,程序分两层,用外层 for 循环来控制乘号左边的被乘数和行数,要做一个九九表,就应该有一个 9 行的循环,因此,外层的变量从 1 开始到 9 结束(i < 10);内层控制乘号右边的乘数和列数,使用变量 j,每一行的变量 j 最大只能等于 i,因此,内层的变量从 1 开始,到 i 结束(j <= i);并且为了保证每一行的换行,内层循环结束时,在大括号外要有一个无输出的换行语句,实例代码如下:

```java
for (int i =1; i <10; i ++) {
    for (int j =1; j <= i; j ++) {
        System.out.print(j +"X"+i +"="+ (i * j) +"\t");
    }
    System.out.println("");
}
```

输出结果为:

```
1 ×1 =1
1 ×2 =2  2 ×2 =4
1 ×3 =3  2 ×3 =6  3 ×3 =9
1 ×4 =4  2 ×4 =8  3 ×4 =12  4 ×4 =16
1 ×5 =5  2 ×5 =10  3 ×5 =15  4 ×5 =20  5 ×5 =25
1 ×6 =6  2 ×6 =12  3 ×6 =18  4 ×6 =24  5 ×6 =30  6 ×6 =36
1 ×7 =7  2 ×7 =14  3 ×7 =21  4 ×7 =28  5 ×7 =35  6 ×7 =42  7 ×7 =49
1 ×8 =8  2 ×8 =16  3 ×8 =24  4 ×8 =32  5 ×8 =40  6 ×8 =48  7 ×8 =56  8 ×8 =64
1 ×9 =9  2 ×9 =18  3 ×9 =27  4 ×9 =36  5 ×9 =45  6 ×9 =54  7 ×9 =63  8 ×9 =72  9 ×9 =81
```

2) while(do-while) 循环结构

循环结构主要分为 do-while 和 while,大多用于不确定循环次数的场景。当有确定的循环次数时,while 循环和 for 循环可以互换;但不能确定循环次数时,则建议使用 while 循环。两者最大的不同在于 while 的递增变量是独立于循环体之外的,因此,在与 for 循环结构等价的 while 结构中,递增变量在循环结束之后仍然可用,而 for 循环的递增变量只能在循环体内使用。下面同样以循环输出 5 句话这个程序为例,流程图不变(图 3.6),但采用 while循环来完成。

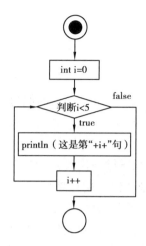

图3.6 while 循环结构流程图

流程图解析：该流程图和 for 循环流程图在条件判断和边界值处理上都是一致的，但程序结构上有区别，while 循环的变量初始化要在循环体外设置，变量的增减则放在循环体语句块中。

用伪代码可表示为：

```
变量初始化
while(判断条件) {
    循环内语句块(包含变量增减)
}
```

以上结构的实际代码语句为：

```
int i = 0;
while (i < 5) {
    System.out.println("输出第' + i +'句。");
    i++;
}
```

该程序的执行结果为：

输出第 0 句。

输出第 1 句。

输出第 2 句。

输出第 3 句。

输出第 4 句。

从运行结果来讲，同条件下的 while 循环和 for 循环，运行结果是完全一致的。

do-while 循环：是 while 循环的一种，二者区别在于，while 循环是满足条件再执行，而 do-while 循环则是先执行一次再看是否满足条件，当初始变量处于判断条件的边界值时，就可以看出二者的区别，其流程图如图 3.7 所示。

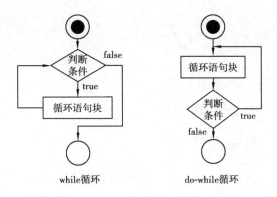

图 3.7 while 和 do-while 循环结构流程图

从流程图中可以看出主要的区别在于循环语句块的位置,当变量值处于边界值时程序的结果就有不同,代码如下:

```
int i = 1;
while (i <1) {
    System.out.println("输出第" + i +"句。");
    i ++;
}
```

执行这段程序中不会有输出语句,因为初始值 i = 1 不满足 i < 1 的判断条件,程序不会进入循环体而是直接退出。但同样的条件使用 do-while 则有所不同,代码如下:

```
int i = 1;
do{
    System.out.println("输出第" + i +"句。");
    i ++;
}while (i <1);
```

运行结果为:

输出第 1 句。

此时程序会先执行 do 语句块中的循环体,再去判断变量 i 是否满足 i < 1 的条件,因此,会输出一句话后再退出程序。

while 和 do-while 虽然在边界值判断循环时有区别,但只要变量初始值不是边界值时,两者的循环效果无区别。

3.4 跳转语句

在 Java 控制结构中常见的跳转语句主要有两个:break 和 continue。

break 语句通常用在 switch 语句中,但也可用于任何循环控制结构,其作用是当执行流程遇到 break 语句时,不管循环程序进行到什么程度,当前循环体都会立即终止,程序会跳到循环结束后的下一条语句。实例代码如下:

```
for ( int i = 0; i < 6; i ++ ) {
    System.out.print(i + "\t");
}
System.out.println("循环结束");
```

该程序不带 break 语句,运行结果为:

0　1　2　3　4　5　循环结束

如果加上 break,当 i = 3 时执行 break,可以使得程序允许到变量 i 为 3 时退出循环,则程序可以修改为:

```
for ( int i = 0; i < 6; i ++ ) {
    if ( i ==3 ) {
        break;
    }
    System.out.print(i + "\t");
}
System.out.println("循环结束");
```

该程序带有 break 语句,运行结果为:

0　1　2　循环结束

此时可以看出,当循环体遇到 break 时就立即退出循环。

continue 语句也可用于任何循环控制结构,同 break 的区别在于 continue 的作用是跳过当前循环,执行下一次循环。实例代码如下:

```
for ( int i = 0; i < 6; i ++ ) {
    if ( i ==3 ) {
        continue;
    }
    System.out.print(i + "\t");
}
System.out.println("循环结束");
```

运行结果为:

0　1　2　4　5　循环结束

此时可以看出循环体跳过了 i = 3 时的循环。

※ 虽然在 Java 的控制结构的条件判断语句中允许使用布尔型变量,如 if(a + 1.0 = 4.0),但不推荐也不建议这样使用,因为计算机在浮点型数据运算时,会有误差,当遇到精准数据判断时会出错。

3.5 控制数组

通过对 Java 控制结构的学习,读者对这些控制结构也有了一定的了解,为了加强对控制结构的理解和使用,下面将通过操作数组的方式来加深对控制结构的理解。

数组常见的操作有输出其中的元素、计算(整型、浮点型数组)、获得最大最小值、排序等。首先以一维数组为例,实例代码如下:

Simple-1(输出数组中的所有元素):

```
int[] myNumArr = {3,2,1,6,7};   //预先赋值的固定数组
//输出所有数组元素
for(int i = 0; i < myNumArr.length; i++){
    System.out.print(myNumArr[i] + "\t");
}
```

运行结果为:

```
3   2   1   6   7
```

输出时指定数组下标即可输出数组对应位置的元素,也可用遍历的方式输出数组中的全部元素。

Simple-2(计算所有元素的总和):

```
int[] myNumArr = {3,7,2,6,1};   //预先赋值的固定数组
intsum = 0;
//计算所有数组元素的和
for(int i = 0; i < myNumArr.length; i++){
    sum += myNumArr[i];
}
System.out.println("数组 myNumArr 所有元素的和是:" + sum);
```

运行结果为:

```
数组 myNumArr 所有元素的和是:19
```

当数组为整型或浮点型时,可以使用加减乘除等四则运算的方式来计算数组的和、积、平均值或者根据需求定义的计算结果。

Simple-3(查找最大元素):

```
int[] myNumArr = {13,27,62,46,51};   //预先赋值的固定数组
//查找数组中最大的元素
int max = 0;
for(int i = 1; i < myNumArr.length; i++){
    //遍历数组时,把当前大的那一个元素赋值给变量 max
    if(myNumArr[i] > max){
```

```
        max = myNumArr[i];
    }
}
System.out.println("数组中最大的元素是:" + max);
```

运行结果为:

数组中最大的元素是:62

如果把代码中的大于符号改为小于符号就可以求得数组中最小的元素。

Simple-4(数组元素从大到小排序,以冒泡排序为例):

```
int[] myNumArr = {13, 27, 62, 46};   //预先赋值的固定数组
int temp = 0;//定义一个用于接收值的临时变量,仅用于值的交换
//外层循环控制排序趟数
for (int i = 0; i < myNumArr.length - 1; i ++) {
    //内层循环控制每一趟排序多少次
    for (int j = 0; j < myNumArr.length - i; j ++) {
        if (myNumArr[j] < myNumArr[j +1]) {
            temp = myNumArr[j];            //当前元素的值赋值给临时变量
            myNumArr[j] = myNumArr[j +1]; //和后面一个元素交换
            myNumArr[j +1] = temp;         //把临时变量的值赋值给后一个元素
        }
    }
}
for (int i = 0; i < myNumArr.length; i ++) {
    System.out.println(myNumArr[i]);
}
```

运行结果为:

62   46   27   13

解析:

这里使用了一种非常著名的排序方式:冒泡排序法。其基本原理是比较两个相邻的数组元素,将值小的元素交换至右端。如何将这个操作转换为程序思路呢? 如例子中的从大到小排列,我们可以这样来厘清思路。

从数组的第一个元素开始依次比较相邻的两个数,将大数放前,小数放后。即在第一趟:首先比较第 1 个和第 2 个数,将大数放前,小数放后。然后比较第 2 个数和第 3 个数,将大数放前,小数放后,如此继续,直至第一次循环结束。完成这些操作之后并不一定会使所有的元素都排列正确,因此,需要重复第一趟步骤,直至全部排序完成。

再分析循环次数的问题,在上例中,内层循环使用的循环范围是数组长度 - i,而不像外层那样使用数组长度 - 1;因为第一趟比较完成后,最后一个数一定是数组中最大的一个数,

所以第二趟比较时最后一个数不参与比较;同理第二趟比较完成后,倒数第二个数也一定是数组中第二大的数,所以第三趟比较时最后两个数不参与比较;以此类推,每一趟比较次数－1;由于程序中每次外层循环,变量 i 的值会加 1,因此,在内层循环采用数组长度－i 的写法就可以达到每次循环次数减 1 的效果。

以前面的数组为例,原有 4 个元素:13,27,62,46。实际排序情况为:
①外层第一次循环(内层 3 次)。
第一次排序:27　13　62　46(27 > 13,交换 13 和 27)
第二次排序:27　62　13　46(62 > 13,交换 13 和 62)
第三次排序:27　62　46　13(46 > 13,交换 13 和 46)
经过第一次循环,最小的数字 13 已经位于数组末尾,因此,可以不用再参加比较。
②外层第二次循环(内层 2 次,只比较前 3 个元素)。
第一次排序:62　27　46　13(62 > 27,交换 27 和 62)
第二次排序:62　46　27　13(46 > 27,交换 27 和 46)
经过第二次循环,最小的两个数字已经位于数组末尾,因此,可以不用再参加比较。
③外层第三次循环(内层 1 次,只比较前 2 个元素)。
第一次排序:62　46　27　13(62 > 46,未发生交换)
经过第三次循环,最小的 3 个数字已经位于数组末尾,因此,可以不用再参加比较,且此时排序也已经完成。

由此可见:N 个数字要排序完成,总共进行 N－1 趟排序,每 i 趟排序次数为(N－i)次,所以可以用双重循环语句,外层控制循环多少趟,内层控制每一趟的循环次数。

冒泡排序的优点:每进行一趟排序,就会少比较一次,这样会使得程序的时间复杂度降低,执行效率提高。

上面使用一些控制语句的组合来操作了一维数组,下面将更进一步使用控制语句的组合来对二维数组进行操作,当然,同一维数组一样,二维数组的常见操作也是输出其中的元素、计算(整型、浮点型数组)、获得最大最小值、排序等。同二维数组的赋值一样,其输出一般也要使用嵌套循环,实例代码如下:

Simple-5(输出数组中的所有元素):

```
int array[][] = {{1,2},{3,4},{5,6}}; //预先赋值的固定数组
//输出所有数组元素
//使用嵌套 for 循环逐个输出数组元素
for (int i = 0; i < array.length; ++i) {
    for (int j = 0; j < array[i].length; ++j) {
    System.out.print(array[i][j]+"\t");
}
    System.out.println();
}
```

运行结果为:

```
                { 21, 1, 49, 3, 12, 15, 91 } };
for ( int i = 0; i < array.length; i ++ ) {        //二维数组总长度
    for ( int j = 0; j < array[i].length; j ++ ) {  //每一行的长度
        int n = j + 1;             //用于变量 n 每次进入循环时初始化
        for ( int m = i; m < array.length; m ++ ) {
            for ( ; n < array[i].length; n ++ ) {    //n 已经在前面初始化
                if ( array[i][j] < array[m][n] ) {
                    int max = array[m][n];
                    array[m][n] = array[i][j];
                    array[i][j] = max;
                }
            }
            n = 0; //此处是给 n 从第二个一维数组开始取 0 这个坐标
        }
    }
}
for ( int i = 0; i < array.length; i ++ ) {
    for ( int j = 0; j < array[i].length; j ++ ) {
        System.out.print(array[i][j] + "   ");
    }
    System.out.println();
}
```

运行结果为：

102	96	92	91	85	76	75
73	69	63	49	47	44	28
26	25	23	21	19	17	15
14	12	11	10	7	3	1

　　和一维数组的冒泡排序不同,二维数组的排序需要多嵌套两层 for 循环,其原因在于必须遍历二维数组中的每一个一维数组之后才能进行排序。

　　※ 从原则上讲,Java 数组是可以无限扩展的,例如,可以定义类似于 int array[ ][ ][ ]这样的三维数组,甚至 int array[ ][ ][ ][ ]四维数组,乃至更高维的数组。

小　结

　　本章简单介绍了 Java 的控制结构,如何使用 Java 的控制结构:分支、循环以及在循环中增加跳转语句时的用法。

本章知识体系

知识点	难度	重要性
Java 顺序结构	★	★
Java 分支结构	★★	★★★★
Java 循环结构	★★★	★★★★★
Java 跳转语句	★★	★★★
Java 一维数组	★	★★★★
Java 二维数组	★★★	★★★★★

章节练习题

程序题

1.要求用户输入一个年份,判断并输出该年份是闰年还是平年。

提示:判断闰年的条件为:(year%4 ==0&&year%100! =0) | | (year%400 ==0)

2.要求用户输入两个整数,判断第一个整数是不是第二个整数的倍数。

提示:使用运算符%

3.要求用户输入一个年份和一个月份,判断(要求使用嵌套的 if…else 和 switch 分别判断一次)该年该月有多少天。

4.要求用户输入一个学生的分数(1～100),使用 switch 结构判断该分数属于什么等级(A,B,C,D,F)。提示:switch(score/10)

5. 使用 while 循环求 1～100 以内所有偶数的和。

6.使用 while 循环式子 3 +33 +333 +3333 +33333 的和。(提示:p = p * 10 +3;)

7.判断并输出 500 以内既能够被 3 整除又能够被 6 整除的整数。

4 | Java 基本类

类与对象是面向对象程序设计中最基本且最重要的两个概念,有必要仔细理解和彻底掌握,它们将贯穿全书并将逐步深化。

【学习目标】
- 理解类的概念;
- 用面向对象的思维对生活中的事物进行归类;
- 能使用 Java 语言定义类。

【能力目标】

能够理解并使用 Java 怎样去写类,即怎样用 Java 的语法去描述一类事物共有的属性和功能。

4.1 类与对象

Java 语言是一种纯面向对象(Object Oriented,OO)的程序设计语言。面向对象的精髓在于考虑问题从现实世界中人类思维习惯出发,将客观世界看成一个个事物及其关系的组合。本章和接下来的两章将从实际问题出发来阐述面向对象的思维方法,一起来认识面向对象方法中的基本概念并习惯这种思维模式。类与对象是面向对象程序设计中最基本且最重要的两个概念,有必要仔细理解和彻底掌握,它们将贯穿全书并将逐步深化。

4.1.1 什么是类

要解决什么是类的问题,我们必须要理解抽象的概念。抽象是人类解决复杂问题的一种基本方法。将众多的事物进行归纳、分类是人们在认识客观世界时经常采用的思维方法,"物以类聚,人以群分"就是分类的意思,分类所依据的原则是在这个类中的事物满足某些相同的标准,而这些标准其实就是抽象出来的。所谓抽象就是忽略事物的非本质特征,从而找出这些事物的共性,并把具有共性的事物划为一类,因此类是一个抽象的概念,它不是一个实物,只是标准(抽象)的总和。例如,你的自行车只是现实世界中许多自行车的其中一辆,请说出全世界自行车有什么标准能将其分类? 你能将自行车和飞机划为一类吗? 自行车能和房子能成为一类吗?

标准是抽象出来的,如果我们抽象出这样一个标准:自行车有两个轮子、有把手、可以骑。所以有这样标准的物体就被我们人为地归为一类——自行车类。如果按可以载人这个标准,可将自行车和飞机归为一类——交通工具类。也可按固体这个标准将自行车和房子等归为一类——固体类。这样的分类只要你抽象得出来标准就能有不同的类。

类是对事物的抽象和归纳,是具有相同标准的事物的集合与抽象。如自行车类,它就是许多真实存在的自行车的抽象。它为属于该类的全部事物提供了统一的抽象描述。类中包括属性和方法两个主要部分。

1)属性

属性是用来描述对象静态特征的一组数据,一般用名词描述,如自行车类中的轮子、把手、颜色等,就是自行车类的属性。

2)方法

方法是用来描述对象动态特征的一组操作,一般用动词描述,如自行车类中的车的启动、刹车和加速等。

4.1.2 如何创建类

要用 Java 来描述一个类首先得将该类的属性和方法在头脑中有清楚地抽象出来。如定义一个人类以图4.1进行说明。

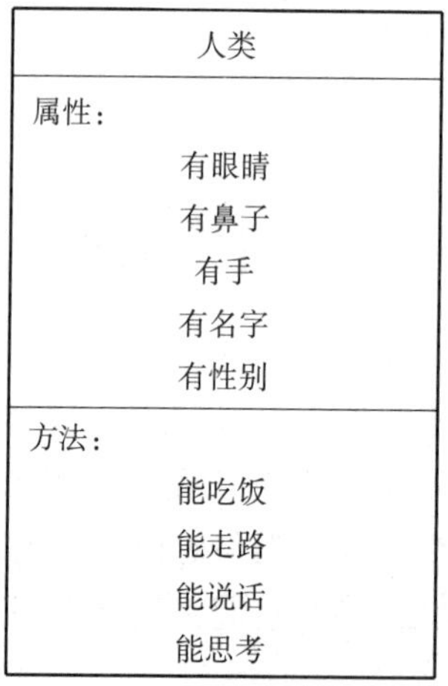

人类
属性:
有眼睛
有鼻子
有手
有名字
有性别
方法:
能吃饭
能走路
能说话
能思考

图 4.1　人类类图

【思考】请画出苹果类的类图、猫的类图。

Java 中类定义语句的形式为:

```
class　类名 {
    成员变量声明;
    成员方法定义;
}
```

其中,class 是 Java 语言中定义类时必须使用的关键字,以告诉 Java 这是一个类。"类名"是为这个类取的名,应书写为 Java 语言合法的标识符。大括号{}中是定义类体的地方,其中包含该类中的数据成员和成员方法。在 Java 语言中也允许定义没有任何成员的空类或只有属性或方法二者存一的类。

下面借用前面分析出的"人"类的例子来说明在 Java 语言中如何定义一个人类,其描述形式为:

```
class  人类｛   // 定义一个人类
    /＊人类的属性＊/
    眼睛;
    鼻子;
    手;
    名字;
    ……
    /＊人类的成员方法定义＊/
    吃饭();
    走路();
    说话();
    ……
｝
```

【例4.1】 定义一个名为 Round 的圆形类,其有半径属性、有求周长的方法。

【解】

(1)定义类头

class Round｛｝

> **编码规范提示:**
>
> 　按照类名的书写规范,类名不允许用中文,其首字母应大写,若类名由多个单词组成,则每个单词的首字母均要大写。如 class　TestDemo｛…｝

(2)定义成员变量

在类中定义的方法和变量统称为类的成员。定义在类中但在类方法之外的变量称为成员变量。Java 中成员变量的声明形式如下:

[修饰符]成员变量数据类型　成员变量名［＝ 初值］;

上面定义了类头,类体是空的,就需添加类的成员属性表示圆形的状态。代码如下:

```
class Round｛
    //定义成员属性
    double radius;   //半径
｝
```

从这个例子可以看出,在类中进行成员变量的声明与一般变量的声明形式完全相同。成员变量的类型可以是基本数据类型,也可以是自定义类型,比如为某个类的对象。

> **编码规范提示:**
>
> 　成员变量名,第一个单词的第一个字母小写,其后的单词第一个字母大写,而且单词之间没有任何分隔符。单词的选用要求能体现该属性的特定含义,成员变量名在一个类中还要保证唯一性。

（3）定义成员方法

定义在类中的方法称为成员方法。Java 中成员方法的定义形式如下：

［修饰符］　返回类型　方法名(［形式参数列表］){

　　// 方法体

}

```
class Round {
    //定义成员属性
    double radius;    //半径
    //定义成员方法
    double perimeter(){    //求圆形的周长
        return 2 * 3.14 * radius;
    }
}
```

4.1.3　创建对象

面向对象思维认为,客观世界由一个个具体的对象(Object)组成,任何客观的事物和实体都是对象,复杂的对象可以由多个简单的对象组成。所谓对象是现实世界中的一个实际存在的事物,它可以是有形的,如狗、自行车、房屋等,也可以是无形的,如国家、生产计划等。面向对象思想认为,万物皆为对象,而所有对象均是能划入某些类的,正如前一节所述,只要你能抽象出标准就能给这些对象分类,那么这些对象就是它所属类的一个具体事物。

在面向对象软件设计中,对象就是用来描述客观事物的一个实体,它将现实中的事物变成了软件世界中的具体东西,而它们的创造者就是程序员,当程序员的软件世界中有了这些东西后,就可以让这些东西来完成作为造物主所交予它们的任务。在程序员所创造的软件世界中,对象就是构成该世界的一个基本单位,其由一组属性和对这组属性进行操作的一组方法所组成。

对象由属性(Attribute)和行为(Action)两部分组成。属性用来描述对象的静态特征,行为用来描述对象的动态特征。

类是具有相同属性和行为的一组对象的总称,它为属于该类的全部对象提供了统一的抽象描述,其内部包括属性和行为两个主要部分,类是对具体对象集合的再抽象。如"人"这个类它是从一个个具体的人的集合中抽象出共同的静态和动态特征形成的一个分类标准,它不是一个具体事物;而具体的某个人如张三是人这个类的一个实例,是人类的一个对象。因此类与对象是抽象和具体的关系。

类与对象的关系如同一个模具与用这个模具铸造出来的铸件之间的关系。类给出了属于该类的全部对象的抽象定义(标准),包含了该类对象的所有属性和方法,它是对象的"模具"。而对象则是符合这种定义的一个实体。所以,一个对象又称为类的一个实例(Instance),可以由一个类制造出多个实例。当然也可以拿设计图纸和产品来比喻类和对象的关系。当你设计了自行车类这个图纸后,你可以按这个图纸创建任意多个自行车对象。当创建一个类的实例后,系统将为这个对象实例分配内存,此时它就确确实实地存在于你的软件世界中了。类是一类事物共性的反映,而对象是一类事物中的一个,是个性的反映。每个对象都有与其他对象不完全一样的特性。例如,你和我的自行车虽然都是自行车,但二者的颜色、质量等就不可能完全一致。

> **特别提示：**
>
>   类是抽象的，而对象是具体的，在我们创造的软件世界中，我们一般只让具体的对象去完成实际的工作，正如同我们可以让人类的一个对象（某个具体人）去挑水，而不会让人类去挑水。

一个类就是一个新的数据类型，与 Java 语言提供的几种基本数据类型一样，该类型可以用来声明、定义该类型的变量。如 int i，就定义了一个变量名为 i 的 int 变量，而 Rectangle rect 就定义了一个变量名为 rect 的 Rectangle 变量，这个 Rectangle 是我们自己设计的一个类。

创建类的变量称为类的实例化，类的变量也称为类的对象、类的实例。要实际创建一个 Rectangle 对象，使用下列语句：

```
Rectangle  rect = new  Rectangle();
```

执行该语句后，rect 将成为 Rectangle 的一个实例。它在内存空间中存在了，具有"物理的"真实性。

由此可见，创建类的对象需用 new 关键字，它的一般形式如下：

```
类名　对象名；                      // 声明对象
对象名 = new　类名([参数列表]);       // 创建对象
或者　类名　对象名 = new　类名([参数列表]);    // 定义类的对象
```

其中，"类名"指出了这个对象属于哪个类，"对象名"是给这个对象取一个区别于其他对象的变量名。类名后面的圆括号指定了类的构造方法（将在下一章详细学习），也就是在构建这个对象时必须自动执行的一个方法。这里 new 运算符是 Java 关键字，专门用于调用构造方法来产生一个实体对象。

> **编码规范提示：**
>
>   对象变量名的书写规范与一般变量名或方法名一样，以小写字母开头，若对象名是由多个单词组成，则从第二个单词开始每个单词的首字母均要大写，如 Rectangle　rectDemo = new　Rectangle();

4.1.4　成员变量和成员方法

每次创建一个类的实例时，就创建了一个对象，这个对象包含由类定义的属性和方法。使用点(.)运算符来访问（使用）该对象中的属性和方法，例如，要给 rect 的 width 变量赋值为 10，（假定前面已经给 Rectangle 对象添加过 width 等属性）应使用下面的语句：

```
Rectangle rect = new Rectangle();    //定义类的对象 rect
rect. width = 10;        //访问对象 rect 的数据成员 width 并赋值 10
```

该语句告诉编译器将包含在 rect 对象内的 width 属性赋值为 10。当然也可以如此访问对象中的方法。

访问对象成员的一般形式为：

对象名. 成员变量名

对象名. 成员方法名(参数列表)

【例4.2】 利用例1.1定义的圆形类 Round,计算半径为10的一个具体圆的周长。

```
Round r = new Round( );          //声明并实例化圆形对象 r
r. radius  = 10;                 //访问成员变量并赋值
double p  = r. perimeter( );     //调用成员方法求周长
System.out.println("半径" + r.radius + "的圆的周长是:"+ p);
```

运行结果为:

半径为10的圆的周长是:62.8

同一个类的对象虽然都有相同的属性和方法,但其属性和方法对于每个对象都是独立的。这意味着如果有两个 Rectangle 对象,则每个都有自己的 width 和 length 的副本。其表现为改变一个对象的实例变量是不会影响另一个实例变量的。正如张三和李四都是人类的具体对象,但对张三做的事是不会让李四发生任何变化的。

【例4.3】 利用例1.1中定义的圆形类 Round,生成半径为20、10的两个对象,并计算每个对象的周长。

```
Round r1 = new Round( );         //声明并实例化 Round 对象 r1
Round r2 = new Round( );         //声明并实例化 Round 对象 r2
r1. radius  = 10;
r2. radius  = 20;
System.out.println("半径"+r1. radius +"的圆的周长是:"+r1. perimeter( ));
System.out.println("半径"+r2. radius +"的圆的周长是:"+r2. perimeter( ));
```

运行结果为:

半径为10的圆的周长是:62.8
半径为20的圆的周长是:125.6

由此可以看出,两个由同一个 Round 类生成的对象中的数据完全分离,二者互不相干。

再看以下代码,在内存空间中有几个 Rectangle 对象?

```
Rectangle rect1 = new Rectangle( );    //声明对象 rect1 并实例化
Rectangle rect2 = rect1;    //声明对象 rect2,并将 rect1 赋值给 rect2
```

你可能认为 rect1 和 rect2 是不同的对象,但这是错误的。实际上,执行完这段代码后,rect1 和 rect2 将引用同一个对象。将 rect1 赋值给 rect2 并不会分配任何内存,也就是不能创建一个新的对象,而只是让 rect2 指向 rect1 所指向的对象。因此,rect2 为对象所做的任何改变将对 rect1 所指向的对象产生影响,因为它们是同一个对象。这种情况如图4.2所示。

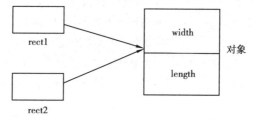

图4.2 变量 rect1 和变量 rect2 引用同一个对象

①定义主类(包含了 main 方法的类)。

```
public class RectangleTest{
    public static void main(String  args[]){//主方法}
}
```

②创建类的对象。

```
Rectangle rect = new Rectangle();//声明并实例化对象 rect
```

③访问对象,给对象属性赋值,并调用方法。

```
//向成员变量赋值
rect.length = 10.0;
rect.width = 5.0;
//打印出指定长方形的长、宽、周长和面积
System.out.println("长方形的长:" + rect.length + "\t 宽:" + rect.width);
System.out.println("这个长方形的周长是:" + rect.perimeter());
System.out.println("这个长方形的面积是:" + rect.area());
```

④代码调试运行。

```
长方形的长:10.0    宽:5.0
这个长方形的周长是:30.0
这个长方形的面积是:50.0
```

4.1.5　对象初始化顺序

1）初始化块

①初始化块通常写在类的构造方法之前,由花括号括起来,一般包含对成员属性进行初始化的语句。

②初始化块分为 instance 初始化块和 static 初始化块,初始化块在构造方法执行之前被执行。

③static 初始化块不能访问非 statci 成员,也不能调用非 static 方法,并且只在类加载时执行一次。

④初始化块通常用于提取多个构造方法中的公共代码。

2）初始化的执行顺序

①在初次 new 一个 Child 类对象时,发现其有父类,则先加载 Parent 类,再加载 Child 类。

②加载 Parent 类。

初始化 Parent 类的 static 属性,赋默认值;

执行 Parent 类的 static 初始化块。

③加载 Child 类。

初始化 Child 类的 static 属性,赋默认值;

执行 Child 类的 static 初始化块。

④创建 Parent 类对象。

初始化 Parent 类的非 static 属性,赋默认值;

执行 Parent 类的 instance 初始化块;

执行 Parent 类的构造方法。

⑤创建 Child 类对象。

初始化 Child 类的非 static 属性,赋默认值;

执行 Child 类的 instance 初始化块;

执行 Child 类的构造方法。

再创建 Child 类对象时,按顺序执行④和⑤两步即可。

```java
class Parent{
    static{System.out.println("parent static init block");}
    {System.out.println("parent init block");}    //非 static 语句块
    parent(){System.out.println("parent constructor");}
}
class Child extends Parent{
    static{System.out.println("child static init block");}
    {System.out.println("child init block");}    //非 static 语句块
    Child(){ System.out.println("child constructor");}
}
public class Test {
    public static void main(String[] args) {
        new Child();
        new Child();
    }
}
```

程序的运行结果如下:

```
parent static init block
child static init block
parent init block
parent constructor
child init block
child constructor
parent init block
parent constructor
child init block
child constructor
```

4.2 类的封装

4.2.1 类的封装性

在操纵汽车时,不会考虑汽车内部各个零件如何运作的细节,只需根据汽车可能的行为使用相应的方法即可,例如,只需知道左打转向盘汽车会向左转,踩制动踏板汽车会停,等等。它的机械如何传动,有哪些部件在其中起了作用,我们并不需要关心,也关心不了,这就是封装的体现。实际上,面向对象的程序设计实现了对象的封装,使用户不必关心对象的行为是如何实现的这样一些细节,只需关心这些对象能实现什么。

封装(Encapsulation)就是把对象的属性和行为结合成一个独立的单位,并尽可能地隐蔽对象的内部细节。可以把封装想象成一个将代码和数据包起来的保护膜,这个保护膜定义了对象的行为,并且保护代码和数据不被任何其他代码任意访问和修改。即一个对象中的数据和代码相对于程序的其他部分是不可见的,它能防止那些不希望的交互和非法访问。封装有两层含义:一是把对象的全部属性和行为结合在一起,形成一个不可分割的独立单位,对象的属性值(除了我们特意留给外部代码访问的外)只能由这个对象的行为来读取和修改;二是尽

…学生类
属性:
序号
姓名
班级
专业
方法:
查询各属性
修改各属性
打印各属性

图4.3 学生类类图

可能地隐蔽对象的内部细节,对外形成一道屏障,与外部的联系只能通过该类特别留出的与外部交互的方法实现。图4.3 中的学生类也反映了封装性,把一个学生信息封装到一起。

封装的信息隐蔽作用反映了事物的相对独立性,可以只关心它对外所提供的接口,即能做什么,而不注意其内部细节,即怎么提供这些服务。封装机制将对象的使用者与设计者分开,使用者不必知道对象行为实现的细节,只需用设计者提供的外部接口让对象去做,例如,一块封装好的集成电路芯片,其内部电路是不可见的,而且使用者也不关心它的内部结构,只关心芯片引脚的个数、引脚的电气参数及引脚提供的功能,利用这些引脚,使用者将各种不同的芯片连接起来,就能组装成具有一定功能的模块。封装的结果实际上隐蔽了复杂性,从而降低了软件开发的难度。

类是 Java 封装的基本单元,是 Java 程序的基本元素。

4.2.2 Java 中的包

请设想一个情景,在创造的软件世界中,如果存在着一个地球和一个有人的外星球,他们上面都存在“人”类,但他们绝对不是同一类。如果同样用人类来描述他们,当我们作为造物主说要让人类去做什么事情时,计算机是没法知道你到底想让哪种人去做事。此时的解决方案有两种:第一种方案是给两种人类取不同的类名,如“地球人类”“外星人类”,再加上一个定语地球上的“人类”、外星上的“人类”。第二种方案保留了相同的类名而不至于混

淆。Java 也提供了这样一种类似于加定语的机制,可把类名空间分成更易管理的块,这种机制就是包。上例中分了两个包:地球包、外星包。两个包中的类可以同名,但同一个包中的类的名字却必须唯一。另外,包也体现了封装性,地球包中肯定装的是和地球有关的类,这样更便于管理。

Java 包(package)是具有一定相关性的 Java 文件的集合。包还有助于避免命名冲突,与文件夹类似,一个文件夹不能放两个相同文件名的文件,而设定多个文件夹就可以解决这个问题。包也可以理解为 Java 中的文件夹。

1)创建包

在 Eclipse 中,如图 4.4 所示,在"工程"中选择"New"→"Package"即可创建出一个包。图 4.5 为创建好的一个取名为 common 的包。

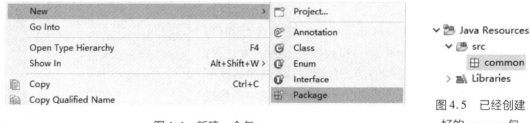

图 4.4 新建一个包

图 4.5 已经创建好的 common 包

如果此时进入源代码所在的硬盘中,也同样能发现 src 文件夹下出现了一个名为 common 的文件夹。

2)在包中创建类

我们可以新建一些类放到包中,如果你是用 Ecliplse 进行创建包操作的话,当你打开创建好的类时会发现在这个类文件的最上面会出现如下一段文字:

package　［包名 1［. 包名 2［. 包名 3…］］］;

关键字 package 说明该类存在于其后所跟的包中,而这个包允许有多重子包,就如同文件夹下可以存在子文件夹一般。各级包名之间用"."号分隔,最前面的包就为最上层包。

> **编码规范提示:**
>
> 　按照包名的书写规范,通常包名的字母全部小写。

在 Java 程序中,package 语句必须是 Java 源文件的第一条语句(空格、注释语句除外),以用来指明该文件所定义的类和接口所属的包。

3)使用包

将类组织到包中的主要目的是更好地利用包中的类。如果想在某个包中的类中再使用其他包中的类该怎么办? 在 Java 程序中,若需使用其他包中的类或接口,一种方法是在程序的开始部分写出相应的引入(import)语句,指出要引入哪些包的哪些类;另一种方法是不用引入语句,直接在要引入的类和接口前给出其所在包名。

（1）使用 import 语句

import 语句的格式与意义如下：

      import 包名 1[…].类名或接口名；　　// 引入指定包中的类或接口

      import 包名 1[.包名 2[…]].∗；　　　// 引入指定包或子包中的全部类和接口

例如，下列语句是将 java.util 包里的 ArrayList 类引用进来。

```
import java.util.ArrayList;
```

如果需要引用整个包内所有的类及接口时，就使用 ∗ 号：

```
import java.util.*;
```

当将类引入后，就可直接使用该类了。

（2）直接使用包

这种方法一般用在程序中引用类次数较少时，在要引入的类和接口前直接给出其所在包名。例如，要引入 java.util 包里的 ArrayList 类也可写成：

```
java.util.ArrayList list = new  java.util.ArrayList();
```

4.2.3　类及类成员的访问权限

Java 封装的一大好处就是保护数据，因此要访问类或封装在类中的数据和代码，必须清楚在什么情况下，它们是可访问的，或者如何来限制别人的访问。

一个类总可以访问和调用自己的变量和方法，但这个类之外的程序的其他部分是否能访问这些变量和方法，则由该属性和方法以及它们所属类的访问控制符决定。

1）类的访问权限

一个类仅有两个可能的访问权限：默认的和公有（public）的。当一个类被声明为 public 时，该类可被任何包的代码访问；如果一个类为默认的访问权限，那么仅能由同一包内的其他代码所访问。如下定义的 Rectangle 类为默认访问权限，因此，它只能在本身所在的包内被访问。

```
class Rectangle{…代码块…}
```

2）类成员的访问权限

首先，类成员的访问权限不可能大于类的访问权限。即如果类只能在本包内被访问，那么作为类的成员也最多只能在本包中被访问，就算该成员设定为 public 也同样受到这个规则的限制。

类成员的可访问性与定义时所用的修饰符 private（私有）、default（缺省）、protected（保护）和 public（公共）有关。声明为 private 的类成员仅能在本类内被访问；修饰符缺省状态只能被本类和本包访问，声明为 protected 的类成员可以被本类、本包、本类的子类访问；声明为 public 的类成员可以被所有包内的类所访问；未用修饰符声明的类成员，则隐含为在本包内可被访问。

为清楚起见，将类成员的可访问性总结在表 4.1 中。其中，"√"表示允许使用相应的变量和方法。注意，表中列出的类成员可访问性是针对 public 类的成员。

表 4.1　Java 类成员变量和成员方法的访问权限

修饰符	无类修饰符	类成员修饰符			
		private	default	protected	public
同一个类	√	√	√	√	√
同一个包	√		√	√	√
不同包的子类				√	√
不同包的非子类					√

关于子类的概念,在下一节讲解继承性时详细讲解。

【例 4.4】　创建一个包 com 和其子包 bean,将矩形类 Rectangle 放入该包中;再创建 com. demo 包,定义 RectangleDemo 主类并放入 com. demo 包中,在主方法中使用 com. bean 包中的 Rectangle 类,生成一个 Rectangle 类的对象,打印该对象的信息。

```
// 源文件 Rectangle.java
package com. bean;        // 本类属于 com 包的 bean 子包下
public class Rectangle{     // 该类的权限为 public
    // 私有的成员变量
            private double length;
            private double width;
    // 求长方形的面积,注意该方法权限
    double area(){
        return length * width;
    }
    /* 打印输出,公共的成员方法 */
    public void display(){
        // 调用当前对象的成员变量
        System.out.println("长:" + length + "\t 宽:" + width);
        // 调用当前对象的成员方法
        System.out.println("长方形的面积是:" + area());
    }
}
```

```
// 源文件 RectangleDemo.java
package com. demo;       // 本类属于 com. demo 包下
import com. bean. *;    // 导入 com. bean 包中所有的类

public class RectangleDemo{
    public static void main (String args[]){
        // 调用带参构造方法创建一个长方形对象 rect
```

```
        Rectangle rect = new Rectangle();
        rect.width = 2;
        rect.length = 4;
        System.out.println("长方形的面积是:" + rect.area());
        rect.display();    //调用对象 rect 的成员方法
    }
}
```

斜体字部分大家在 Eclipse 中会看到有红色的错误提示,是因为在 Rectangle 类里,方法 area()使用默认访问,它只能在本包 com. bean 内被访问。成员变量 length 和 width 被赋予了 private 访问权,这意味着它不能被 Rectangle 类外的代码访问,所以在 RectangleDemo 类里不能直接使用 length 和 width,而 public 方法 display()可以允许其他包的类使用。

3) getter、setter 方法

上面的程序引出了一个问题,既然私有属性不能被外部访问,那么如何给对象中的私有属性赋值呢?

若需要在其他类中访问私有属性,可以通过非私有的 setter 和 getter 方法来访问。这样的方法常被命名为 setXxx()和 getXxx(),分别实现对该私有属性的设置和读取操作。以下编写了对私有属性 width 和 length 的 setter、getter 方法。

```
public void setWidth(double w){      //设置长方形的宽
    width = w;
}
public double getWidth(){      //获取长方形的宽
    return width;
}
public void setLength(double l){      //设置长方形的长
    length = l;
}
public double getLength(){      //获取长方形的长
    return length;
}
```

那么就可以在其他类中利用这两个方法对私有属性进行操作了。

```
public class RectangleDemo{
    public static void main (String args[]){
        Rectangle rect = new Rectangle();    //声明对象 rect 并实例化
        rect. setWidth(10);      //调用 setter 方法设置成员变量
        rect. setLength(20);
        rect.display();
    }
}
```

4.2.4　类的构造方法

在 Java 中,任何变量在被使用前都必须先设置初值。在每次创建一个实例时,初始化类中的所有变量是一项枯燥无味的工作。如果在第一次创建对象时就完成所有的设置,这将会使工作更简单。基于这个原因,Java 允许在对象创建时就对其进行初始化。这种自动初始化工作是通过使用构造方法来完成的。

构造方法(constructor)在创建对象时就自动运行,一般用来初始化成员变量。构造方法与它所在的类有同样的名称,在语法上与一般方法类似。构造方法的一般形式如下:

［修饰符］　方法名(［形式参数列表］){

// 方法体

}

构造方法是一种特殊的成员方法,它的特殊性反映在以下几个方面:

①构造方法名与类名完全相同(包括大小写也一样)。

②构造方法不返回任何值,也没有返回类型(连 void 都没有)。

③每一个类可以有零个或多个构造方法,如果没有写构造方法则默认存在一个没有参数的构造方法。

④一旦用户定义了自己的构造方法,默认的无参构造方法就不再存在。

⑤构造方法在创建一个类的对象时由系统自动调用执行,一般不能显式地像使用普通方法一样直接调用。

【例 4.5】　继续改造长方体类,使对象创建时能自动初始化长方形的尺寸。

定义一个带参构造方法来进行初始化,这个构造方法的功能是将每个长方形的尺寸设置为指定的参数值。请特别注意 Rectangle 对象是如何被创建的。

```java
public class Rectangle{
    double length;   //长
    double width;    //宽
    // 带参构造方法,用于初始化长方形的长和宽
    public Rectangle(double w,double l){
        width = w;
        length =l;
    }
    //求长方形的面积
    double area(){
        return length * width;
    }
}
```

```
public class RectangleDemo{
    public static void main (String args[]){
        // 调用构造方法初始化每个长方形对象
        Rectangle rect1 = new Rectangle(10,20);
        Rectangle rect2  = new Rectangle(3,6);
        double area;
        area = rect1.area();    //调用 area()方法得到第一个长方形的面积
        System.out.println("第一个长方形的面积是:" + area);
        area = rect2.area();    //调用 area()方法得到第二个长方形的面积
        System.out.println("第二个长方形的面积是:" + area);
    }
}
```

该程序的运行结果如下:

```
第一个长方形的面积是:200.0
第二个长方形的面积是:18.0
```

由此可以看出,每个对象按其构造方法所指定的参数初始化。例如,在下列代码行中,

```
Rectangle rect1 = new Rectangle(10,20);
```

当 new 创建对象时,将自动调用构造方法,那么 rect1 的 width 和 length 属性就将分别被赋值 10 和 20。

在本节例 4.5 的 Rectangle 类中存在用户定义的构造方法,此时就只能调用这个用户定义的构造方法 Rectangle(double w,double l)来创建 Rectangle 类的两个对象 rect1 和 rect2。而不能再使用无参构造方法了。

4.2.5　this 关键字

因为有时方法需要调用该方法本身所属对象,为此 Java 定义了 this 关键字。在程序中,可以在任何方法内使用 this 来引用当前的对象,this 就指向了这个对象本身。

归纳起来,this 的使用场合有以下几种:

①访问当前对象的数据成员。其使用形式如下:

this. 数据成员

下面的示例就是借助 this 来访问 Rectangle 类的实例变量 width 和 length。

```
//调用当前对象的成员变量
System.out.println("长:" + this. length  + "\t 宽:" + this. width);
```

②访问当前对象的成员方法。其使用形式如下:

this. 成员方法

```
//调用当前对象的成员方法
System.out.println("长方形的面积是:" + this.area());
```

【例 4.6】　在例 4.2 的基础上修改 Rectangle 类的构造方法,使其形式参数与成员变量名称相同,实现同样的功能。

因为 this 可直接引用这个对象,那么 this 就表示要使用这个对象中的成员,这样就解决了实例变量和局部变量直接可能出现的名字空间冲突问题。

```java
public class Rectangle{
        double length;    //长
        double width;     //宽
        // 带参构造方法,用于初始化长方形的长和宽
        Rectangle(double width,double length){
            this. width = width;      // this 关键字表示当前对象
           this. length = length;
        }
        //求长方形的面积
        double area(){
            return this.length * this.width;
        }
    //打印输出
    void display(){
            //调用当前对象的成员变量
System.out.println("长:" + this. length  + "\t 宽:" + this. width);
            //调用当前对象的成员方法
System.out.println("长方形的面积是:" + this. area());
        }
}
```

```java
public class RectangleDemo{
    public static void main (String args[]){
            //调用带参构造方法
            Rectangle rect1 = new Rectangle(10,20);
            rect1.display();   //调用对象 rect1 的成员方法
    }
}
```

该程序的运行结果如下:

```
长:20.0    宽:10.0
长方形的面积是:200.0
```

4.2.6 static 静态成员

1)静态类成员

通常类的成员必须属于一个具体化对象才能访问。但 Java 也提供了不用创建对象而直接让类中成员工作的机制。只要在该成员的声明前面加上关键字 static 即可。当声明一个成员为 static 时,可以在类的任何对象创建之前访问它。static 成员的最常见的例子是 main( )方法,该方法不是作为一个对象的成员被运行的。

被声明为 static 的成员变量就是静态变量,也称为类变量。当声明该类的对象时,在对象中不生成 static 变量的副本,类的所有实例将共享同一个 static 变量。

同理,被声明为 static 的成员方法是静态方法,也称类方法。静态方法有几条限制:

①它们仅可以调用其他 static 方法。

②它们只能访问 static 数据成员。

③它们不能以任何方式引用 this 或 super(关键字 super 与继承有关,下一节介绍),因为 this 和 super 都是指向一个具体对象。

2)静态代码块

static 块(即**静态代码块**),这个块仅在该类被第一次加载时执行一次。静态代码块的语法格式:

static ｛……程序块……｝

静态代码块不是类的方法,没有方法名、返回值和参数表。静态代码块也与类方法一样,不能使用非静态变量及方法,也不能使用 this 或 super 关键字。

【**例 4.7**】　static 方法、static 变量、static 初始块演示。

```
public class UseStatic{
    static int a = 3;      // 静态变量(类变量),并初始化
    static int b;          // 静态变量
    int c = 10;            // 实例变量
    static void display(int x){    // 静态方法(类方法)
        System.out.println("x = " + x);
        System.out.println("a = " + a);
        System.out.println("b = " + b);
        //System.out.println("c = " + c);//静态方法不能直接调用非静态成员
    }
    static {    // 静态代码块
        System.out.println("静态代码块执行开始");
        b = a * 4;      // 初始化静态变量 b

    }
    public static void main(String  args[]){
        display(42);    // 直接调用静态方法
    }
}
```

一旦装载了 UseStatic 类,所有的 static 语句都被运行。首先,a 被设置为 3;然后,static 块执行(打印一条信息);最后,b 被初始化为 a＊4 即 12;再执行 main()方法,main()中调用 display()类方法,把 42 传递到 x。3 条 println()语句引用两个 static 变量 a、b,一个局部变量 x。而 c 由于是非静态变量,因此不能直接被静态方法调用。

该程序运行结果如下:

```
静态代码块执行开始
x = 42
a = 3
b = 12
```

静态方法和变量可以独立于任何对象使用,仅需要指定它们的类名,后跟一个"."点运算符。也可以用两种方式调用静态成员,它们的作用相同,因为不管有多少个对象都只存在一个静态成员。

静态变量:类名.静态变量名

类对象.静态变量名

静态方法:类名.静态方法名( )

类对象.静态方法名( )

例如,如果希望从类 UseStatic 外调用一个 static 方法,可以使用下列形式:

```
UseStatic.display(42);
```

其中,UseStatic 是类的名字,在该类中直接调用 static 方法,这种格式与通过对象调用非 static 方法的格式类似。也可以用同样的方式来访问 static 变量——类名加上点运算符。

请看如下代码,注意 static 方法 callme( )和 static 变量 b 是如何被访问的。

```java
class StaticDemo{
    static int a = 42;      //静态变量
        static int b = 99;      //静态变量
        static void callme(){    //静态方法
            System.out.println("a = " + a);
        }
}
public class StaticByName{
  public static void main(String  args[]){
    StaticDemo.callme();    //不需创建对象,通过类名直接调用静态方法
    System.out.println("b = " + StaticDemo.b);  //直接调用静态变量
  }
}
```

该程序的运行结果如下:

```
a = 42
b = 99
```

特别提示:

静态成员表示该类所有对象将共有同一个成员,如果一个对象将静态成员改变,那么将造成由该类生成的所有对象中的该成员发生相同改变。就好比全世界人只有一个钱罐,任何人往钱罐中放入一元钱,对于其他人来说,他们的钱罐中也多了一元钱。

4.2.7 方法递归

程序调用自身的编程技巧称为递归(recursion)。递归作为一种算法在程序设计语言中广泛应用。一个过程或函数在其定义或说明中有直接或间接调用自身的一种方法,它通常把一个大型复杂的问题层层转化为一个与原问题相似的、规模较小的问题来求解,递归策略只需少量的程序就可描述出解题过程所需的多次重复计算,从而大大地减少了程序的代码量。递归的能力在于用有限的语句来定义对象的无限集合。

递归的 3 个条件:边界条件、递归前进段、递归返回段。

当边界条件不满足时,递归前进;当边界条件满足时,递归返回。

下面通过两个示例程序来加以说明:

使用 Java 代码求 5 的阶乘。(5 的阶乘 $= 5 * 4 * 3 * 2 * 1$)

```java
public static void main(String[] args) {
    System.out.println(f(5));
}
public static int f(int n) {
    if (1 == n) {return 1;}
    else {return n * (n-1);}
}
```

此题中,按照递归的 3 个条件来分析:

①边界条件:阶乘,乘到最后一个数,即 1 时,返回 1,程序执行到底。

②递归前进段:当前的参数不等于 1 时,继续调用自身。

③递归返回段:从最大的数开始乘,如果当前参数是 5,那么就是 $5 * 4$,即 $5 * (5 - 1)$,即 $n * (n-1)$。

使用 Java 代码求数列:$1, 1, 2, 3, 5, 8, \cdots$ 第 40 位的数。

```java
public static void main(String[] args) {
    System.out.println(f(6));
}
public static int f(int n) {
    if (1 == n || 2 == n)
        return 1;
    else
        return f(n-1) + f(n-2);
}
```

此题的突破口在于:从第 3 位数开始,本位数是前两位数的和。要计算第多少位的值,就需要将位数作为参数传进方法进行计算。

①当位数为 1 和 2 时,当前返回的值应该是 1。

②当位数为 3 时,返回值应该是 2 = 1 + 1;

当位数为 4 时,返回值是 3 = 2 + 1;

当位数为 5 时,返回值是 5 = 3 + 2;

当位数为 6 时,返回值是 8 = 5 + 3;

……

③由②得知,大于等于 3 的情况下,当前位数(n)的数值 = f(n - 1) + f(n - 2)。

心得: 有些初学者可能认为递归即是自己调用自己,就是死循环了。对,如果递归写得不合理,就是死循环。如果写得合理,加上"边界条件",程序执行到底时,会逐层返回。就像爬山一样,我们会绕着山路爬上一层又一层,如果没有山顶,我们会一直往上爬。但如果到了山顶,就按照上山时的步骤一层一层往下走。

4.2.8 方法调用的优先顺序

1)同一个类中执行先后顺序

静态代码块—>(构造代码块—>构造方法)

2)子类和父类的先后顺序

父类静态代码块—> 子类静态代码块—> 父类构造代码块—> 父类构造方法—> 子类构造代码块—> 子类构造方法。

先父类后子类,构造代码块和构造方法一起执行之后再执行子类,最后执行对象方法。

```java
public class A {
    static {
        System.out.println("ClassA 的静态代码块");
    }
    public A() {
        System.out.println("ClassA 的构造方法");
    }
    {
        System.out.println("ClassA 的构造代码块");
    }
}
public class B extends A {
    static {
        System.out.println("ClassB 的静态代码块");
    }
    public B() {
        System.out.println("ClassB 的构造方法");
```

```
    }
    {
        System.out.println("ClassB 的构造代码块");
    }
    public final static B Classb = new B();
    public void excute(){
        System.out.println("执行方法");
    }
}

public class JavalearningApplicationTests {
    static {
        System.out.println("Test 的静态代码块");
    }
    public static void main(String[] args) {
        System.out.println("执行 main 方法");
        B b = new B();
        b.excute();
    }
}
```

该程序的运行结果如下:

```
Test 的静态代码块
执行 main 方法
ClassA 的静态代码块
ClassB 的静态代码块
ClassA 的构造代码块
ClassA 的构造方法
ClassB 的构造代码块
ClassB 的构造方法
ClassA 的构造代码块
ClassA 的构造方法
ClassB 的构造代码块
ClassB 的构造方法
执行方法
```

4.3 类的继承与多态

设计一个人类,其有姓名、年龄和身份(默认值为"工人")3 个属性,一个带参构造方法、有会说话、会工作等行为。然后设计学生类和教师类,这两个类属性和方法与人类完全一致,只是学生类多了学号这个属性,学生的身份为"学生";教师类还包含有教师号这个属性,教师的身份为"教师"。并生成若干个学生对象和教师对象,分别输出各对象的信息。

4.3.1 继承

客观世界充斥着相互关联且可划分层次的各种对象,下一层拥有上一层的所有特性,但有着与上一层不同的特点,如人、学生和大学生。在这里,汽车是车的下一层,而轿车是汽车的下一层。我们称这种层次关系为继承关系,表现的是"是一种"的关系,如大学生"是一种"学生,但反过来不能说凡是学生都是大学生。在这里大学生继承于学生,大学生为学生的子类,学生为大学生的父类。如图4.6所示正是这样一个继承的层次图,上一层为父类,下一层为子类。

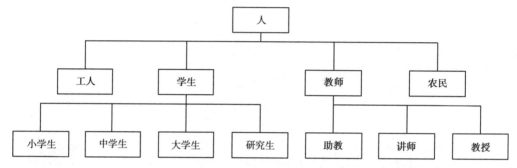

图4.6 类的继承结构

继承(Inheritance)是一种联结类与类的层次模型。继承性是指子类拥有父类的属性和行为。继承意味着"自动地拥有",即子类中不必重新定义已在父类中定义过的属性和行为,而它却自动地、隐含地拥有了其父类的属性与行为。

继承是面向对象程序设计的另一个重要特性,类继承也称为类派生,是指一个类可以继承其他类的非私有成员,实现代码复用。被继承的类称为父类或超类,父类包括所有直接或间接被继承的类;继承父类或超类后产生的类称为派生类或子类。子类继承父类的非私有属性和方法,同时也可以修改继承于父类的属性和方法,或拥有自己新的属性和方法。

> **特别提示:**
> ● Java 语言中所有的类,包括自定义的类,均是直接或间接地继承 java. lang 包下的 Object 类得到的。
> ● 在 Java 语言中只允许类的单继承,即每个类只能有一个父类。而 C ++ 中允许多继承。
> ● 类继承不改变成员的访问权限,父类中的成员为公有的或被保护的,则其子类的成员访问权限也继承为公有的或被保护的。

4.3.2 对象的赋值相容性与上转型

Java 中的继承是通过 extends 关键字来实现的,在定义新类时使用 extends 关键字指明该类的父类,这样就在两个类之间建立了继承关系。

1）子类声明

［修饰符］　class　子类名　extends　父类名 {　// 类头的定义

　　　　成员变量声明;　// 类体的定义

　　　　成员方法定义;

　　}

　　一般地,在类声明中,加入 extends 子句来创建一个类的子类,extends 后即为父类名。若父类名又是某个类的子类,则新定义的类也是其父类的父类的(间接)子类,其层次不限。若无 extends 子句,则该类为 java. lang. Object 的子类。

2）类继承的传递性

　　类继承具有传递性,即子类继承父类的所有非私有成员,也继承父类的父类直至祖先所有的非私有成员。继承是传递的,这正体现了大自然中特殊与一般的关系。

　　设计一个长方体类 Cube,继承自矩形类 Rectangle,它除了有矩形类的长、宽属性和计算面积的方法外,还有表示长方体高的成员变量 height 以及计算长方体体积的方法 volume( )。

```
//矩形类
class Rectangle {
    double length; //长
    double width; //宽

    double area() { //求长方形的面积
        return length * width;
    }
    void setDim(double w, double l) { //设置长方形的长和宽
        width = w;
        length = l;
    }
}
```

```
//长方体类,继承于 Rectangle 类
class Cube extends Rectangle {
    double height; //高
    public Cube(double width, double length, double height){ //构造方法
        this.width = width;
        this.length = length;
        this.height = height;
    }
    double volume() { //求长方体的体积
        return area() * height;
    }
}
```

```
Cube c = new Cube(1, 2, 3);
System.out.println("长: " + c.length + "\t 宽: " + c.width + "\t 高: " + c.
height);
System.out.println("长方体的体积: " + c.volume());
```

该程序的运行结果如下:

```
长: 2.0  宽: 1.0  高: 3.0
长方体的体积: 6.0
```

从上例可以看出,子类没有再写计算面积的方法,但是可以直接使用该方法,因为子类从父类将该方法继承了下来。

4.3.3 隐藏、覆盖与动态绑定

如果有一个名为 B 的子类和一个名为 A 的父类,它们出现了相同的成员时,在子类 B 中直接访问该成员会得到什么结果? 例如,可以考虑这样一个程序:在子类中定义了与父类同名的成员,从而隐藏了父类同名成员。

```
//父类 A
class A {
    int x = 100;
    public void display() {
        System.out.println("执行父类 A 的 display()方法");
        System.out.println("SuperClass A: " + x);
    }
}


//子类 B,继承于父类 A
class B extends A {
    int x = 200; //在子类 B 中父类 A 的同名变量 x 被隐藏
    public void display() {    //方法的重写
        System.out.println("执行子类 B 的 display()方法");
        System.out.println("SubClass B: " + x); //直接输出为子类变量 x
    }
    public static void main(String[] args) {
        B b = new B();
        b.display();
    }
}
```

该程序的运行结果如下:

```
执行子类 B 的 display()方法
SubClass B: 200
```

从本示例程序中发现,在子类 B 中直接访问和父类同名成员时,只能访问到 B 中的同名

成员。像这种子类(派生类)新增的成员名称与父类(超类)成员相同,则称为成员覆盖。成员覆盖包括成员变量的隐藏和成员方法的重写。

1)成员变量的隐藏

在类的继承中,若在子类中定义了与父类同名的成员变量,则在子类中父类的同名成员变量被隐藏。父类的同名成员变量在子类对象中仍占据自己的存储空间,子类隐藏父类的同名成员变量只是使它不可见。在这个例子中,子类 B 就隐藏了父类 A 的同名成员变量 x,故在子类 B 中直接访问 x 便可得到值 200。

2)成员方法的重写

同子类可以定义与父类同名的成员变量,从而实现对父类成员变量的隐藏情况一样,子类也可以定义与父类同名的成员方法,实现对父类方法的覆盖(方法的重写)。子类成员方法对父类同名成员方法的覆盖将使得父类的方法在子类对象中不复存在。注意,重写的方法和父类中被重写的方法要具有相同的名字,相同的参数和相同的返回类型。如前文中所述的示例,子类 B 就重写了父类 A 的同名方法 display( )。

4.3.4　super 引用

当对父类实施成员覆盖后,如仍需使用父类的同名方法怎么办? 这就得使用 super 关键字。super 表示当前对象的直接父类对象。super 的使用方法有以下 3 种:

①用来访问直接父类中被隐藏的数据成员。其使用形式如下:

super. 数据成员

②用来访问直接父类中被重写的成员方法。其使用形式如下:

super. 成员方法

③用来调用直接父类的构造方法。其使用形式如下:

super ([参数列表])

> **特别提示:**
>
> 　如果父类的构造方法为有参构造方法,则子类的构造方法中必须用 super ([参数列表])给父类传参。

在子类 B 中定义了与父类同名的属性 z 和方法 display( ),从而隐藏了父类同名成员,但在子类中又要求能调用到父类的方法和属性。

```java
//父类 A
class A {
    int x, y;
    int z = 100;
    public A(int x, int y) {    //构造方法
        this.x = x;
        this.y = y;
    }
    public void display() {
```

```
            System.out.println("In class A: x = " + x + " , y = " + y);
    }
}


//子类 B,继承于父类 A
class B extends A {
    int a, b;
    int z = 200;  //在子类中定义与父类同名变量 z
    public B(int x, int y, int a, int b) {    //构造方法
    super(x, y);  //调用父类的构造方法,必须是子类构造方法的第一个可执行语句
    this.a = a;
    this.b = b;
    }
    public void display() {    //重写父类的 display()方法
    super.display();    //调用父类中被重写的方法
    System.out.println("In class B: a = " + a + " , b = " + b);
    System.out.println("Subclass B: " + z);    //直接输出为子类变量
    System.out.println("Superclass A: " + super.z);    //访问父类变量
    }
}

public class SuperDemo {
    public static void main(String[] args) {
        B a = new B(1, 2, 3, 4);
        a.display();
    }
}
```

该程序的运行结果如下:

```
In class A: x = 1 , y = 2
In class B: a = 3 , b = 4
Subclass B: 200
Superclass A: 100
```

4.3.5 多态

多态性是面向对象编程的继封装、继承之后的第三个重要特征,它是指在父类中定义的属性和方法被子类继承之后,可以具有不同的数据类型或表现出不同的行为,这使得同一个属性或方法在父类及其各个子类中具有不同的含义。

多态意味着一个对象有着多重特征,可以在特定的情况下,表现出不同的状态,从而对应着不同的属性和方法。其前提条件是类的封装和继承,从程序设计的角度而言,多态可以这样来实现:

```
class A {
    void display() {
        System.out.println("这是父类的方法");
    }
    void print() {
        System.out.println("A's method print() called!");
    }
}

class B extends A { //子类B派生自父类A
    void display() { //方法的重写
        System.out.println("这是子类的方法");
    }
}

public class Test {
    public static void main(String args[]) {
        A a1 = new A();    //a1引用类A的实例
        a1.display();
        a1.print();
        A a2 = new B();    //a2引用类B的实例,子类对象可以看成父类对象
        a2.display();
        a2.print();
    }
}
```

该程序的运行结果为:

```
这是父类的方法
A's method print() called!
这是子类的方法
A's method print() called!
```

Java 运行时系统分析是类 A 的一个实例还是类 B 的一个实例以决定是调用类 A 的方法 display()还是调用类 B 的方法 display()。

┌───┐
│ **特别提示:**   │
│   方法的覆盖中需注意的是,子类在重写父类已有的方法时,应保持与父类完全相同的 │
│ 方法名、返回值和参数列表。否则,就不是方法的覆盖,而是在子类定义自己的与父类无 │
│ 关的成员方法。   │
└───┘

方法重写时要遵循 3 个原则:
①重写方法的返回类型必须与它所重写的方法相同。
②重写方法不能比它所重写的方法有更严格的访问权限,即子类 private 方法不能覆盖

掉父类 public 的方法。

③重写方法不能比它所重写的方法抛出更多的异常。

4.3.6 内部类

一个类被嵌套定义在另一个类中,称为内部类(inner class),也称为嵌套类。包含内部类的类称为外部类。与一般的类相同,内部类可以有成员变量和成员方法。通过建立内部类的对象,可以存取其成员变量和调用其成员方法。比如有一个包含了内部类的类 Outer,通过建立内部类的对象 Inner,可以存取其成员变量和调用其成员方法,且内部类可以访问它的外部类的成员。示例代码如下:

```java
class Outer {
    int outer_x = 100;
    void test() { //在这个方法中相当于间接调用了内部类的方法
      Inner inner = new Inner();
          inner.display();
    }
    class Inner {
      void display(){
        System.out.println("display: outer_x = " + outer_x);
        }
    }
}
public class InnerClassDemo {
    public static void main(String args[]) {
        Outer outer = new Outer();
        outer.test();     //间接调用是可行的
        outer.display();        // 直接访问是不可行的,因为外部类中没有 display 方法
    }
}
```

注意:Inner 类只有在类 Outer 的范围内才是可知的。如果在类 Outer 之外的任何代码试图实例化 Inner 类,Java 编译器会产生错误消息。也就是说,一个内部类和其他任何另外的编程元素没有什么不同,只是内部类在它的包围范围内是可知的。

以上解释了一个内部类可以访问它的外部类的成员,但反过来就不成立了。内部类的成员只有在内部类的范围之内是可知的,但不能被外部类使用。例如,这样一个外部类不能直接访问定义在内部类中的成员的例子(该程序将会产生编译错误):

```java
class Outer {
    int outer_x = 100;
    void test() {
        Inner inner = new Inner();
        inner.display();
```

```
        }
class Inner {  //这是一个内部类
        int y = 10;  //y 是定义在内部类中的成员变量
            void display() {
            System.out.println("display: outer_x = " + outer_x);
    }
}
void showy() {
    //报错,因为外部类不能访问定义在内部类中的成员 y
    System.out.println(y);
    }
}
public class InnerClassDemo {
    public static void main(String args[]) {
        Outer outer = new Outer();
        outer.test();
    }
}
```

　　y 是作为 Inner 的一个实例变量来声明的,对于该类的外部它就是不可知的,因此,不能被 showy( ) 使用。

　　内部类除了可以在外部类的范围之内声明外,还可以在代码块的内部定义内部类。例如,在方法定义的代码块中,或在 for 循环体内部。如下列程序所示:

```
class Outer {
    int outer_x = 100;
    void test() {
        for ( int i = 0; i < 10; i ++) {
            class Inner {  //在一个循环体中定义的内部类
                void display() {
                    System.out.println("display: outer_x = " + outer_x);
                }
            }
            Inner inner = new Inner();
            inner.display();
        }
    }
}

public class InnerClassDemo {
    public static void main(String args[]) {
        Outer outer = new Outer();
        outer.test();
    }
}
```

内部类从表面上看，就是在类中又定义了一个类，而实际上并没有那么简单，它的用处对于初学者来说可能并不显著，但是随着对它的深入了解，就会发现内部类可以让程序的结构更加合理，尤其在处理 applet(小应用程序)时是特别有帮助的，另外，在 Java 的事件处理程序中也经常用到内部类，达到简化代码的目的。

小　结

本章简单介绍了 Java 的控制结构，如何使用 Java 的控制结构：分支、循环以及在循环中增加跳转语句时的用法。

本章知识体系

知识点	难度	重要性
类的概念	★	★★
封装	★★	★★★★
继承	★★	★★★★
多态	★★	★★★★
类的访问权限	★	★★★★

章节练习题

一、选择题

1. String str = new String("abc")此代码中有几个对象？(　)

A. 1 个　　　　　　　B. 2 个　　　　　　　C. 3 个　　　　　　　D. 4 个

2. 阅读下列代码：

if(x ==0){System. out. println("小明");}

else if(x < -2){System. out. println("小华");}

else{System. out. println("小军");}

若要求打印字符串"小军"，则变量 x 的取值范围是(　)。

A. x =0&x <= -2　　　　　　　　　　　B. x >0

C. x >= -2 && x! =0　　　　　　　　　D. x <= -2 && x! =0

3. 用于存放创建后则不变的字符串常量是(　)。

A. String 类　　　　B. StringBuffer 类　　　C. Character 类　　　D. 以上都不对

4. Math 类的(　)方法可用于计算所传递参数的平方根。

A. squareRoot　　　　B. root　　　　　　　C. sqrt　　　　　　　D. square

5. Math. (　)方法可返回对某数求幂后的结果。

A. power　　　　　　B. exponent　　　　　C. pow　　　　　　　D. exp

6. (　)方法可返回一个 Integer 对象的 int 数据。

《 4 Java基本类

A. intData   B. getValue   C. getData   D. intValue

7. ( )中包含了一个 Random 类。

A. java. awt   B. java. utility   C. java. swing   D. java. util

8. Random 对象能够生成( )类型的随机数。

A. int   B. string   C. double   D. A 和 C

9. import 语句使应用程序能够从 Java 类库中访问到( )。

A. 包和类   B. 类和对象   C. 对象和方法   D. 方法和变量

10. Random 类的 nextInt 方法能够( )。

A. 接受一个参数   B. 不带参数   C. 接收两个参数   D. A 和 B

11. 语句( )是将一个 5 到 20 之间的随机数赋值给变量 value。

A. value = 4 + randomObject. nextInt(16)   B. value = randomObject. nextInt(21)

C. value = 5 + randomObject. nextInt(15)   D. value = 5 + randomObject. nextInt(16)

12. Java. util 包中的 Random 类( )。

A. 能够产生正整数   B. 能够产生正的双精度数

C. 具有产生随机数的能力   D. 以上答案都对

13. 表达式 example. substring(3,4)返回的字符都为( )。

A. 起始于位置 3 的 4 个连续字符

B. 起始于位置 3 终止于位置 4 之前的字符

C. 位置 3 和位置 4 上的字符

D. 位置 3 上的字符,并重复 4 次

14. 代码片段、sample( )可返回 String 型 sample 的长度。

A. . getLength   B. . getLength( )   C. . length   D. . length( )

15. String 类的( )方法将返回该字符串的字符个数。

A. maxChars   B. length   C. characterCount   D. size

二、填空题

1. 字符串分为两大类:一类是字符串常量,使用_____类的对象表示;另一类是字符串变量,使用类_____的对象表示。

2. 对于字符串 String s1 = new String("ok");string s2 = new String("ok");表达式 s1 == s2 的值是_____,s1. equals(s2)的值是_____。

3. 对于字符串 String s1 = "ok";String s2 = "ok";表达式 s1 == s2 的值是_____,s1. equals(s2)的值是_____。

4. Math. min(-25, -9) =_____;Math. sqrt(16) =_____;

5. 创建字符串对象 a 的两种方式有_____和_____。

6. 字符串的两大类是_____和_____。

7. 设 String 对象 s = "Hello",运行语句 System. out. println(s. concat("World!"));后 String 对象 s 的内容_____,所以语句输出为_____。

8. 定义一个整型数组 y,它有 5 个元素分别是 1,2,3,4,5。用一个语句实现对数组 y 的声明、创建和赋值:_____。

9. 设有整型数组的定义:int x [ ][ ] = {{12,34},{ − 5},{3,2,6}};,则 x. length 的值为_____。

10. 求取二维数组 a[ ][ ]第 i 行元素个数的语句是_____。

11. 若有定义 int[ ]a = new   int[8];则 a 的数组元素中第 8 个元素的下标是_____。

三、判断题

1. 类 String 对象和类 StringBuffer 对象都是字符串变量,建立后都可以修改。　　(　　)

2. 字符串中的索引从 0 开始。　　(　　)

3. 连接字符子串,当前字符串本身不改变。　　(　　)

4. 用" + "可以实现字符串的拼接,用" − "可以从一个字符串中去除一个字符子串。

(　　)

5. Java 中的 String 类的对象既可以是字符串常量,也可以是字符串变量。　　(　　)

6. 用运算符" == "比较字符串对象时,只要两个字符串包含的是同一个值,结果便为
true。　　(　　)

7. String 类字符串在创建后可以被修改。　　(　　)

8. 方法 replace(String srt1 ,String srt2)将当前字符串中所有 srt1 子串换成 srt2 子串。

(　　)

9. 方法 compareTo 在所比较的字符串相等时返回 0。　　(　　)

10. 方法 IndexOf(char ch, − 1)返回字符 ch 在字符串中最后一次出现的位置。(　　)

面向对象篇

在以下几章中，读者将学习到 Java 中面向对象程序设计的概念，了解抽象类和接口类的区别，学习 Java 中各种工具类的使用，了解 Java 中集合类的概念以及异常的处理，了解文件类的使用方式，并学习线程的概念。

通过对以上内容的学习，希望读者能由此掌握抽象类和接口类的使用方式，能够在程序中使用 Java 的工具类、集合类并进行异常处理，了解文件类的使用方式，使用线程来编写程序。

5 | Java 中的面向对象技术

类与对象是面向对象程序设计中最基本且最重要的两个概念,有必要仔细理解和彻底掌握,它们将贯穿全书并逐步深化。

【学习目标】

- 理解面向对象中有哪些技术;
- 理解抽象的概念;
- 理解接口的概念;
- 了解 Java 语言中常见的工具类、集合类的用法;
- 能够使用 Java 语言中的工具类、集合类。

【能力目标】

能够理解并使用 Java 去写类,即怎样用 Java 的语法去描述一类事物共有的属性和功能。

5.1 抽象类及抽象方法

如果一个类中没有包含足够的信息来描绘一个具体的对象,这样的类就是抽象类。既然没有足够的信息描述一个具体的对象,因此这是一种不能实例化的类。抽象类往往用来描述在对具体问题进行分析、设计中得出的抽象概念。例如,如果我们进行一个图形编辑软件的开发,在进行具体问题分析时,存在着圆、三角形这样一些具体概念,它们是不同的,但又都属于"形状"这样一个概念,即分类的标准就是具有形状,但形状是一个非常抽象的概念,它并不能生成特定的对象,这个"形状类"就是一个抽象类。那么在 Java 语言中如何定义一个抽象类呢?

在 Java 语言中,用 abstract 关键字修饰一个类时,这个类就是抽象类。一个抽象类只规定了他的子类具有某种功能,并不规定子类中该功能是如何实现的,该功能的具体行为由子类负责实现。抽象类的抽象性是靠其中存在的抽象方法来体现的。当用 abstract 关键字修饰一个方法时,该方法就是抽象方法。一个抽象方法只是声明一个方法,没有方法体(没有方法的具体实现),抽象方法的声明以分号结束。

定义一个抽象类的格式如下:

abstract class AbstractClassName{

……

}

例如：

```
public abstract class Shape{
    public abstract double area();      //抽象方法
    public abstract double volume();     //抽象方法
}
```

上面的代码完成了对 Shape 抽象类的定义,可见定义抽象类和普通类差别不大,只是必须用 abstract 来修饰类名。它可以拥有一个或多个抽象方法,也可以不定义抽象方法,但只要类中有一个方法被声明为抽象方法,则该类必须为抽象类。

当一个类被定义成 abstract 类时,表示一个抽象的概念,它不能用 new 关键字实例化对象,例如,上面定义的 Shape 类就是一个抽象类,只有被继承并在子类中重写其抽象方法,它才有意义。除抽象方法外,抽象类可以拥有和普通类一样的类成员。

> **特别提示:**
>
> 不能用 abstract 修饰类的构造方法、静态方法和私有(private)方法。

定义一个代表形状的抽象类,并派生出圆柱体类和长方体类,计算底面半径为 2,高为 3 的圆柱体体积和长、宽、高分别为 3、2、4 的长方体体积。

```
//定义一个形状抽象类
abstract class Shape{
    double radius,length,width,height;
    abstract double vol();      //求体积的抽象方法
    Shape(double r,double h){      //对半径和高进行初始化的构造方法
        radius = r;
        height = h;
    }
    Shape(double l,double w,double h){      //对长、宽、高进行初始化的构造方法
        length = l;
        width = w;
        height = h;
    }
}
/**
   * 圆柱体类
   */
class Circle extends Shape{
    Circle(double r,double h){
        super(r,h);
    }
    double vol(){      //重写父类抽象方法
        return(3.1416 * radius * radius * height);
```

```
    }
/**
    * 长方体类
    */
class Rectangle extends Shape{
    Rectangle(double l,double w,double h){
        super(l,w,h);
    }
    double vol(){        //重写父类抽象方法
        return (length * width * height);
    }
}
/**
    * 主类
    */
public class AbstractClassDemo{
    public static void main(String[] args) {
        Circle c = new Circle(2,3);
        Rectangle r = new Rectangle(3,2,4);
        System.out.println("圆柱体体积 = " + c.vol());
        System.out.println("长方体体积 = " + r.vol());
    }
}
```

程序的运行结果如下:

```
圆柱体体积 =37.6992
长方体体积 =24.0
```

在上例中,定义了一个 Shape 抽象类,通过对各种具体的形状(如长方体和圆柱体等)分析,发现它们都可以求体积,而它们都是形状中的一种,从而将求体积的方法定义在形状类中,而不具体实现它。该抽象类实际上提供了一个规范,每一个继承它的子类都必须要遵守这一规范,而如何去完成这个规范是子类自己的事情。

从本任务中,可以分析出 3 个类:Human(人类)是父类,Student(学生类)和 Teacher(教师类)都是 Human 类的子类。Human 类有两个非私有属性:姓名 name 和年龄 age;4 个成员方法:一个无参构造方法(用于将属性初始化为其默认值),一个带参构造方法,一个表示人说话行为的方法 talk(),以及表示人工作行为的方法 work()。Student 类除了从父类 Human 继承的成员外还新增了一个属性:学号 sNo,重写父类 Human 的两个方法:talk()和 work();Teacher 类除了从父类 Human 继承的成员外还新增了一个属性:教师号 tNo;重写父类 Human 的两个方法:talk()和 work()。

1）按照类图编制出类框架

```
//人类(是学生类和教师类的父类)
class Human {
    String name;    //姓名
    int age;    //年龄
    public Human() {    //无参构造方法
    }
    public Human(String name, int age) {    //带参构造方法
    }
    public void talk() {    //说话行为
    }
    public void work() {    //工作行为
    }
}

//学生类,派生自 Human 类
class Student extends Human {
    String sNo;    //学号
    //构造方法
    public Student(String name, int age, String sNo) {
    }
        //以下是重写继承自父类的方法
        public void talk() {    //说话行为
    }
    public void work() {    //工作行为
    }
}


//教师类,派生自 Human 类
class Teacher extends Human {
    String tNo;    //教师号
    public Teacher(String name, int age, String tNo) {
    }
    //以下重写继承自父类的方法
    public void talk() {    //说话行为
    }
    public void work() {    //工作行为
    }
}
```

2）实现类中的方法

```java
//实现 Human 类中的方法
public Human() {   //无参构造方法
    name = "";
    age = 0;
}
public Human(String name, int age) {     //带参构造方法
    this.name = name;
    this.age = age;
}
public void talk() {   //说话行为
    System.out.println("人会说话");
}
public void work() {   //工作行为
    System.out.println("人会工作");
}
//实现 Student 类中的构造方法
public Student(String name, int age, String sNo) {
    super(name, age);     //调用父类的带参构造方法
    this.sNo = sNo;
}
/***** 以下是重写继承自父类的方法 ***********/
public void talk() {    //说话行为
    System.out.println("学生正在回答老师的提问");
}
public void work() {    //工作行为
    System.out.println("学生的主要工作是学习");
}
//实现 Teacher 类中的构造方法
public Teacher(String name, int age, String tNo) {
    super(name, age);   //调用父类的带参构造方法
    this.tNo = tNo;
}
/*********** 以下是重写继承自父类的方法 *************/
public void talk() { //说话行为
    System.out.println("教师正在讲课");
}
public void work() { //工作行为
    System.out.println("教师的主要工作是教书育人");
}
```

3）定义主类

```
public class Test {
    public static void main(String[] args) {
        //创建类的对象
    }
}
```

4）创建类的对象

```
Student s = new Student("张三", 18, "0900104");    //创建学生类对象
Teacher t = new Teacher("lee", 20, "2009001");    //创建教师类对象
```

5）访问对象

```
//打印学生对象的信息
System.out.println("学生的姓名:" + s.name + "\t 年龄:" + s.age + "\t 学号:" + s.sNo);
s.talk();
s.work();
//打印教师对象的信息
System.out.println("教师的姓名:" + t.name + "\t 年龄:" + t.age + "\t 教师号:" + t.tNo);
t.talk();
t.work();
```

6）代码调试运行

```
学生的姓名:张三    年龄:18    学号:0900104
学生正在回答老师的提问
学生的主要工作是学习
教师的姓名:lee    年龄:20    教师号:2009001
教师正在讲课
教师的主要工作是教书育人
```

5.2　final 修饰符

1）final 类

有一种类是不能派生出子类的,称为最终类。即用 final 来修饰的类。在设计类时,如果这个类不需要有子类,该类的实现细节不允许改变,并且确信这个类不会再被扩展,或者是为了特殊原因不让其他开发人员继承使用,那么就将该类设计为 final 类,比如 Java 提供的 java. lang. String 类。

2）final 方法

如果一个类不允许其子类覆盖某个方法，则可将这个方法声明为 final 方法。final 方法不能被覆盖，即子类的方法构型不能与父类的 final 方法构型相同。

使用 final 方法的例子。

```java
class Test1 {
    public void f1() {
        System.out.println("f1");
    }
    //无法被子类覆盖的方法
    public final void f2() {
        System.out.println("f2");
    }
}

public class Test2 extends Test1 {
    public void f1() {
        System.out.println("Test1 父类方法 f1 被覆盖!");
    }
    public static void main(String[] args) {
        Test2 t = new Test2();
        t.f1();
        t.f2(); //调用从父类继承过来的 final 方法
    }
}
```

程序的运行结果如下：

Test1 父类方法 f1 被覆盖!
f2

如上例所示，如果你想像重写 f1( )一样重写 f2( )，则无法通过编译。

特别提示：

final 类不能被继承，因此 final 类的成员方法没有机会被覆盖，其默认都是 final 修饰的。

3）final 变量（常量）

final 修饰的变量通常被称为常量，可在定义时赋初值或在定义后的其他地方赋初值，但不能再次赋值。习惯上使用大写的标识符表示常量。例如：

final double **PI** = 3.1416;
final double **G** = 9.18;

另外，常量定义时，可以先声明，而不给初值，这种变量也称为 final 空白，空白 final 变量在对象初始化时必须被初始化。

5.3 接口

接口是若干抽象方法和常量的集合。如果说抽象类是对类的某几个功能的部分抽象,那么接口就是对类的所有功能的全面抽象。为了获取接口功能和真正实现接口功能,还需使用类来实现该接口。接口可以指定实现它的类必须做什么,但是不能指定它怎么做。

可以这样理解接口,接口就是一种身份,凡是想拥有这样的身份的类就必须要遵守这个身份所要求的所有规范。比如你是警察(身份),你就必须符合警察的标准并满足这个身份所要求的所有功能,如维持治安等。而你除了可以拥有警察这个身份外,同时还可以拥有其他多重身份,这就是多接口的应用。Java 不允许多继承,而多接口则很好地解决了这个问题。

在 Java 语言中,用关键字 interface 来定义接口。接口与类有相似的结构,其定义格式如下:

[修饰符] interface 接口名 [extends 父接口名]{ // 接口头

// 接口体

}

从接口定义的格式可以看出,接口定义包括两个方面的内容:定义接口头和接口体。接口头的定义和定义类头类似,只是将 class 变为 interface,说明声明的是一个接口。接口可以继承其他接口。接口体是常量和抽象方法的集合,没有构造方法和静态初始化代码。接口体中定义的属性只能为常量(final)、静态(static)的和公共(public)的。接口体中定义的方法均为抽象的和公共的且接口方法只有方法名没有实现代码,接口方法只能由其实现类来进行重写,由于接口所有成员均必须具有这些特性,所以和普通类不一样的是它的方法默认即为抽象的和公共的,属性默认就是常量、静态的和公共的,而不能再用修饰符进行声明。

【思考】普通类的属性和方法默认情况如何?

定义一个 ObjectArea 接口,它的成员有圆周率和求面积方法。

```
interface ObjectArea{
    double PI = 3.14;        //默认为 final、static、public
    double area(double r);   //默认为 public、abstract
}
```

当一个类想统一在某个接口的规范下和具有这个接口的"身份"时,就需实现这个接口。实现接口用 implements 进行说明。

定义一个圆类实现上一例中的接口(这里的 Circle 就称为 ObjectArea 接口的实现类):

```
class Circle implements ObjectArea{
    public double area(double r){      //重写接口方法
        return PI * r * r;
    }
}
```

类在实现接口时,还要注意:若实现接口的类不是抽象类,则该类必须实现指定接口的所有抽象方法。因为是覆盖方式,所以方法头部应与接口中的定义完全一致,即有完全相同的方法名、参数表和返回值。

5.4 Java 工具类

5.4.1 Object 类

Object 类是其他所有类的一个超类。表 5.1 给出了 Object 类中定义的方法,这些方法对于每一个对象都是可用的。

表5.1 Object 类中的方法

方 法	描 述
Object clone( )	创建一个与调用对象一样的新对象
boolean equals(Object object)	如果调用对象等价于 object 返回 true
void finalize( )	默认的 finalize( )方法。常常被子类重载
final Class getClass( )	获得描述调用对象的 Class 对象
int hashCode( )	返回与调用对象关联的散列码
final void notify( )	恢复等待调用对象的线程的执行
final void notifyAll( )	恢复等待调用对象的所有线程的执行
String toString( )	返回描述对象的一个字符串
final void wait( )	等待另一个执行的线程
final void wait(long milliseconds)	等待直至指定毫秒数的另一个执行的线程

以上方法中,并非所有方法都是常用的,下面对几个常用的方法作简单介绍:

1)equals( )方法

两个基本类型的变量比较是否相等时直接使用" == "运算符即可,但是两个引用类型的对象比较则使用" == "运算符或使用 equals( )方法,在比较两个对象是否相等时,这两个方法是有区别的:

①" == "运算符比较的两个对象地址是否相同,即引用的是同一个对象。

②equals( )方法用于比较两个对象的内容是否相同。

下述代码分别使用" == ",如下例:

```
class EqualsString{
    public static void main(String args[]){
        String s1 ="Hello,I like java";
        String s2 =new String(s1);
        System.out.println(s1 +" equals "+ s2 +" -> "+s1.equals(s2));
        System.out.println(s1 +" == "+ s2 +" -> "+(s1 ==s2));
    }
}
```

运行结果为:

Hello,I like java equals Hello,I like java -> true

Hello,I like java == Hello,I like java -> false

通过分析运行结果可以看出,使用"=="运算符将严格比较两个变量引用是否相同,即地址是否相同,是否指向内存同一空间,当两个变量指向同一内存地址时才返回 true,否则返回 false;而 equals( )方法则比较两个对象的内容是否相同,只要两个对象的内容相同,就会返回 true,否则返回 false。

2)toString( )方法

Object 类的 toString( )方法是一个特殊的方法,它返回当前对象的字符串表示,具体格式如下:

```
类名@ 哈希代码值
```

如下例:

```
Picture p = new Picture();
System.out.print(p.toString());
```

对应的 Picture 类代码如下,并未包含 toString( )方法。

```
class Picture {
    void show(){
        System.out.print("我是一本画册");
    }
}
```

运行结果为:

com. test. Picture@ 4f163cdc

在这个例子中调用了 Picture 对象的 toString( )方法,虽然在 Picture 类中没有定义这个方法,但程序并没有报错,这是因为这个类继承了 Object 类,而在 Object 类中定义了 toString( )方法,在该方法中输出了对象的基本信息。

在实际开发中,我们希望 toString( )方法返回不仅是对象的基本信息,而是一些特有的信息,为此可通过重写 Object 类的 toString( )方法来实现,如下例:

```
Picture p = new Picture();
System.out.print(p.toString());
```

对应的 Picture 类代码如下,重写了 toString( )方法。

```
public class Picture {
    public String toString(){
        return "我是一本画册";
    }
}
```

运行结果为：

我是一本画册

5.4.2 字符串类

字符串类包含在 java. lang 包中，有 String 和 StringBuffer 两个类可以实现对字符串的处理。其中，String 类对象创建后不能再修改和变动，而 StringBuffer 类对象创建后允许修改和变动。

1)String 类字符串

在 Java 语言中，String 类是 Java API 提供的一个最为常用的基本字符串处理类，该类提供了非常丰富的字符串处理方法。String 类是常量类，String 对象建立后不能修改，即使是两个相同的字符串，在内存中也是两个不同的地址。

（1）构造方法

String( )：构造一个空字符串对象。

String(char[ ] value)：通过 char 数组构造字符串对象。

String(String original)：构造一个传入的字符串的副本，该副本与传入的字符串对象是两个不同的对象，虽然它们的内容一样。

String(StringBuffer buffer)：通过 StringBuffer 类对象来构造字符串对象，可以利用这个方法将 StringBuffer 对象转变成 String。

例如：

```
String str1 ="How do you do?";   //直接赋值方式
String str2 = new String();   //构造一个空串，不是 null
String str3 = new String("I am a student!");   //通过已有字符串构造一个新的字符串对象
```

（2）常用方法

①int length( )：返回当前字符串长度。例如：

```
String s = "How do you do?";
int x = s.length();   //x 的值为:14
```

②boolean equals(Object object)：当 object 不为空且与当前 String 对象一样，返回 true；否则，返回 false。例如：

```
String s = "AB";
boolean x = s.equals("AB");   //x 的值为 true
boolean y = s.equals("BA");   //y 的值为 false
```

③String concat(String str)：将该 String 类对象与 str 连接在一起返回一个新字符串。例如：

```
String s1 ="to";
String s2 ="get";
String s3 ="her";
System.out.print(s1.concat(s2.concat(s3)));      //输出结果为:together
```

【思考】concat 方法获得的结果是不是和两个字符串用"＋"运算符运算出来的结果一样?

④char charAt(int index):取字符串中的某一个字符,其中的参数 index 指的是字符串中字符的序数。该序数从 0 开始。例如:

```
String s = new String("Welcome to Java World!");
System.out.println(s.charAt(5));    //输出结果为:m
```

⑤indexOf:用于查找字符串,例如:

int indexOf(int ch):从字符串中查找参数中的字符,返回该字符第一次出现的位置。

int indexOf(int ch, int fromIndex):从 fromIndex 这个参数表示的位置开始查找,返回该字符第一次出现的位置。

注意:参数 ch 为 int 型,可以为字符,也可以为字符对应的 ASCII 码。

int indexOf(String str):返回匹配的字符串第一次出现的起始位置。

int indexOf(String str,int fromIndex):从 fromIndex 位置开始找第一次匹配字符串的起始位置。例如:

```
String s = new String("write once, run anywhere!");
String ss = new String("run");
System.out.println(s.indexOf('r'));         //输出结果为:1
System.out.println(s.indexOf('r',2));        //输出结果为:12
System.out.println(s.indexOf(ss));           //输出结果为:12
```

⑥substring:用于截取字符串,例如:

String substring(int beginIndex):取子串操作,返回从 beginIndex 位置开始到结束的子字符串。

String substring(int beginIndex, int endIndex):取从 beginIndex 位置开始到 endIndex 位置的子字符串。例如:

```
String s = "我是中国人";
String str1 = s.substring(2);       //str1 的值为"中国人"
String str2 = s.substring(2,4);     //str2 的值为"中国"
```

⑦replace:用于替换字符串,例如:

String replace(char oldChar, char newChar):将字符串中所有的字符 oldChar 替换成 newChar。

String replace(String oldString, String newString):将字符串中所包含的 oldString 子串全部替换为 newString。例如:

```
String s = "abcbabcd";
String str1 = s.replace('b', 'd');      //str1 的值"adcdadcd"
String str2 = s.replace("ab","jk");     //str2 的值为"jkcbjkcd"
```

⑧String trim():去除字符串左右两边的空格,例如:

```
String s = "  abc   ";
String str1 = s.trim();     //str1 的值"abc"
```

⑨String toLowerCase( ):将字符串转换成小写。

String toUpperCase( ):将字符串转换成大写。例如：

```
String s = "abcABC";
String str1 = s.toLowerCase();      //str1 的值"abcabc"
String str2 = s.toUpperCase();      //str2 的值为"ABCABC"
```

2)StringBuffer 类字符串

在实际应用中,经常会遇到对字符串进行动态修改,也就是将一个已经生成的字符串对象进行修改。这时 String 类的功能就无能为力了,此时可以求助于 StringBuffer 类完成字符串的动态添加、插入和替换等操作。

（1）构造函数

StringBuffer( ):构造一个没有任何字符的字符串对象。

StringBuffer(int length):构造一个长度为 length 的字符串对象。

StringBuffer(String str):以 str 为初始值构造一个 StringBuffer 类对象。

（2）常用方法

①public StringBuffer append(String b):向字符串缓冲区"追加"元素,而且这个"元素"参数可以是布尔量、字符、字符数组、双精度数、浮点数、整型数、长整型数、对象类型、字符串和 StringBuffer 类等。如果添加的字符超出了字符串缓冲区的长度,Java 将自动进行扩充。例如:

```
String s1 ="This is a pencil";
String s2 ="box";
StringBuffer sb = new StringBuffer(s1);
System.out.println(sb.append(s2));      //结果为:This is a pencilbox
```

注意:这里的 sb. append(s2)是将 s2 添加到 sb 对象中,没有添加新的对象。而 String 对象的相加操作会新增一个对象。例如:

```
String s1 ="This is a pencil";
String s2 ="box";
String s3 = s1 + s2;      //s1 和 s2 是没变的,只是新生成了一个对象放置它们的内容之和
```

②public StringBuffer insert(int offset, double d):在当前 StringBuffer 对象中插入一个元素,第一个参数 offset 表示插入位置,第二个参数 d 表示要插入的数据,这个"元素"参数可以是布尔量、字符、字符数组、双精度数、浮点数、整型数、长整型数、对象类型、字符串等。例如:

```
StringBuffer sb = new StringBuffer("I am a student!");
System.out.println(sb.insert(7,"good"));
```

运行结果为:

I am a good student!

③public StringBuffer delete(int start, int end):删除当前 StringBuffer 对象中以索引号 start 开始到 end 结束的子串,但不会删除 end 处的字符。例如:

```
StringBuffer sb = new StringBuffer("I am a student");
System.out.println(sb.delete(0,7));
```

运行结果为：

student

注意：程序执行完以后 sb 对象内的值就真的变成了"student"，因此，StringBuffer 对象是可以动态变更的。

④public StringBuffer deleteCharAt(int index)：删除指定位置的单个字符。例如：

```
StringBuffer sb = new StringBuffer("too");
System.out.println(sb.deleteCharAt(2));
```

运行结果为：

to

⑤public StringBuffer replace(int start, int end, String str)：替换当前 StringBuffer 对象的字符串。将从 start 开始到 end 结束的位置替换成 str。例如：

```
StringBuffer sb = new StringBuffer("I am a student.");
System.out.println(sb.replace(7,14,"teacher"));
```

运行结果为：

I am a teacher.

⑥public StringBuffer reverse( )：将字符串翻转。例如：

```
StringBuffer sb = new StringBuffer("0123456789");
System.out.println(sb.reverse());
```

运行结果为：

9876543210

⑦public String toString( )：将 StringBuffer 中的内容放入一个 String 对象中返回,可以利用这个方法实现 StringBuffer 到 String 的转化。

```
StringBuffer sb = new StringBuffer("0123456789");
String str = sb.toString();
```

5.4.3 基本数据类型的包装类

Java 提供的 8 种基本数据类型并不支持面向对象的编程机制,不具备"对象"的特性,没有成员变量、方法可以被调用。Java 之所以提供这 8 种基本数据类型,主要是照顾程序员的传统习惯。这 8 种基本数据类型带来了一定的方便性,如简单的数据运算和常规的数据处理。但在某些时候,基本数据类型也会有一些制约。例如,所有的引用类型的变量都继承了

Object 类,都可以当成 Object 类型变量使用。但基本数据类型的变量不可以,如果有方法需要 Object 类型的参数,但实际需要的值是1,2,3 等数值,这可能比较难以处理。为了解决基本数据类型变量不能当成 Object 类型变量使用的问题,Java 提供了包装类的思想,为8种基本数据类型分别定义了相应的引用类型,并称为基本数据类型的包装类,包装类和基本数据类型虽然都可作为数据类型使用,但包装类会提供一些对应的数据类型的相关操作方法,基本数据类型则没有。

基本数据类型和包装类之间的对应关系见表5.2。

表 5.2　基本数据类型和包装类

基本数据类型	对应的包装类
byte	Byte
short	Short
int	Integer
long	Long
float	Float
double	Double
char	Character
boolean	Boolean

自动装箱和自动拆箱:因为不可以直接把基本数据类型赋值给引用数据类型,所以在 JDK1.5 之前,需要通过构造器来构造包装类对象,但是这显得代码过于烦琐,因此从 JDK 1.5 之后就提供了自动装箱和自动拆箱的功能。

①自动装箱:就是可以把一个基本类型变量直接赋值给对应的包装类变量,或者赋值给 Object 变量(因为 Object 类是所有类的父类)。例如:

```
int i = 123;
Integer integer = i;    //JDK1.5 之前:new Integer(i);
//先把 123456 自动装箱为 Integer 类型,Object 代表 Integer
Object obj = 123456;
System.out.println(obj);    //打印结果为 1234
```

②自动拆箱:与自动装箱相反,允许直接把包装类对象赋值给一个对应的基本类型变量。例如:

```
Integer int1 = 1234;
//自动拆箱
int int2 = int1;
System.out.println(int2);

int i = 123;
Objectobj = i;
int ii = (Integer)obj;
System.out.println(ii);
```

5.4.4 Math **数学类**

Math 数学类提供了常用的数学运算方法以及 Math. PI 和 Math. E 两个数学常量。该类是最终类(final class),不能被继承,类中的方法和属性全部是静态成员,因此,只能使用 Math 类的方法而不能对其作任何更改(表5.3)。

这个类有两个静态属性:E 和 PI 属性。E 代表数学中的自然对数(e),值为 2.7182818,而 PI 代表圆周率(π),值为 3.1415926。由于其是公有静态属性,所以使用时不用创建对象而是直接用 Math. E 和 Math. PI 进行调用。

表5.3 **Math 类中的方法**

方　　法	描　　述
static double sin(double arg)	返回以弧度为单位由 arg 指定的角度的正弦值
static double cos(double arg)	返回以弧度为单位由 arg 指定的角度的余弦值
static double tan(double arg)	返回以弧度为单位由 arg 指定的角度的正切值
static double asin(double arg)	返回一个角度,该角度的正弦值由 arg 指定
static double acos(double arg)	返回一个角度,该角度的余弦值由 arg 指定
static double exp(double arg)	返回 arg 的 e
static double log(double arg)	返回 arg 的自然对数值
static double pow(double y, double x)	返回以 y 为底数,以 x 为指数的幂值
static double sqrt(double arg)	返回 arg 的平方根
static int abs(int arg)	返回 arg 的绝对值
static double ceil(double arg)	返回大于或等于 arg 的最小整数
static double floor(double arg)	返回小于或等于 arg 的最大整数
static int max(int x, int y)	返回 x 和 y 中的最大值
static int min(int x, int y)	返回 x 和 y 中的最小值
static int round(float arg)	返回 arg 的只入不舍的最近的整型(int)值

这些方法都是 static 的类方法,在使用时不需要创建 Math 类的对象,而直接用类名做前缀,就可以很方便地调用这些方法。

Math 类主要方法举例。

```
System.out.println("PI =" + Math.PI);
System.out.println("E =" + Math.E);
System.out.println("abs( -10.6) =" + Math.abs( -10.6));
System.out.println("ceil(8.2) =" + Math.ceil(8.2));
System.out.println("floor(5.7) =" + Math.floor(5.7));
System.out.println("round(7.8) =" + Math.round(7.8));
System.out.println("max(10,20) =" + Math.max(10,20));
```

```
System.out.println("min(10,20) =" + Math.min(10,20));
System.out.println("sqrt(64) =" + Math.sqrt(64));
System.out.println("exp(2) =" + Math.exp(2));
System.out.println("log(e) =" + Math.log(Math.E));
System.out.println("pow(3,2) =" + Math.pow(3,2));
System.out.println("sin(30) =" + Math.sin(Math.toRadians(30)));
```

运行结果为：

PI = 3.141592653589793
E = 2.718281828459045
abs(− 10.6) = 10.6
ceil(8.2) = 9.0
floor(5.7) = 5.0
round(7.8) = 8
max(10,20) = 20
min(10,20) = 10
sqrt(64) = 8.0
exp(2) = 7.38905609893065
log(e) = 1.0
pow(3,2) = 9.0
sin(30) = 0.49999999999999994

5.4.5 日期类

Date 类封装当前的日期和时间,Date 支持下面的构造方法：

```
Date()
Date(long millisec)
```

第一种形式的构造方法用当前的日期和时间初始化对象。

第二种形式的构造方法接收一个参数,该参数等于从 1970 年 1 月 1 日午夜起至今的毫秒数的大小。

Date 定义的公共方法列在表 5.4 中。

表 5.4　Date 定义的方法

方　法	描　述
long getTime( )	返回自 1970 年 1 月 1 日午夜起至今的毫秒数的大小
int hashCode( )	返回调用对象的散列值
void setTime(long time)	按 time 的指定,设置时间和日期,表示自 1970 年 1 月 1 日午夜至今的以毫秒为单位的时间值
String toString( )	将调用 Date 对象转换成字符串并且返回结果

方　法	描　述
int compareTo(Object obj)	如果 obj 属于类 Date,其操作与 compareTo(Date)相同;否则,引发一个 ClassCastException 异常
boolean equals(Object date)	如果调用 Date 对象包含的时间和日期与由 date 指定的时间和日期相同,则返回 true;否则,返回 false
Object clone( )	复制调用 Date 对象

下面这个程序是 Date 类的简单运用,获取当前时间及计算自 1970 年 1 月 1 日起至今的毫秒数的大小(使用 java. util. Date;)。

```
Date date = new Date();
System.out.println(date);
long msec = date.getTime();
System.out.println("Milliseconds since Jan.1, 1970 GMT = " +msec);
```

运行结果为:

Mon May 18 22:53:12 CST 2020
从 1970 年 1 月 1 日开始至今的毫秒数为:1589813592369

5.4.6　随机数类 Random

Math 类的 random( )方法也可以产生随机数,但只能产生 0.0 ~ 1.0 的随机数。我们只能通过将乘法运算符、强制类型转换和方法 random 结合起来使用。

例如:1 + (int)　(Math. Random( ) * 6),通过乘法改变产生值的范围,整数强制类型转换运算符截去表达式所产生的每个值的浮点部分,接着,通过在上面的结果中加上一个移位值实现数值范围的移位。

使用 Math 类的 random( )方法还必须进行大量的演算,十分不便。为解决此类问题,Java引入了 Random 类。

Random 类是伪随机数的产生器,之所以称为伪随机数是因为它们是简单的均匀分布序列。Random 定义了下面的构造方法。

```
Random()
Random(long seed)
```

第一种形式创建一个使用当前时间作为起始值或称为初值的数字发生器。
第二种形式允许指定一个初值。

如果用初值初始化一个 Random 对象,就对随机序列定义了起始点。如果用相同的初值初始化另一个 Random 对象,将获得同一随机序列;如果要生成不同的序列,必须指定不同的初值。实现这种处理的最简单的方法是使用当前时间作为产生 Random 对象的初值,这种方法减少了得到相同序列的可能性。

由 Random 定义的公共方法列入表5.5。

表5.5 由 Random 定义的公共方法

方　法	描　述
boolean nextBoolean( )	返回下一个布尔随机数
void nextBytes(byte vals[ ])	用随机产生的值填充 vals
double nextDouble( )	返回下一个双精度(double)随机数
float nextFloat( )	返回下一个浮点(float)随机数
double nextGaussian( )	返回下一个高斯随机数
int nextInt( )	返回下一个整型(int)随机数
int nextInt(int n)	返回下一个介于0和n之间的整型(int)随机数
long nextLong( )	返回下一个长整型(long)随机数
void setSeed(long newSeed)	将由 newSeed 指定的值作为种子值

下面这个例子将产生 0 ~ 9 的任意 10 个整数(随机数字,每次运行的结果均不相同,使用 java. util. Random;)。

```
Random rnd = new Random();
for(int i = 0;i < 10;i ++){
    System.out.printIn(rnd.nextInt(10));
}
```

运行结果为:

1 8 0 8 2 1 1 1 6 8

5.4.7 数组工具类

对于数组的操作,除了前面小节中的循环遍历等方法外,Java 也提供了一些常用的方法便于程序员使用,这里列举了几种常用的方法,这些方法都要使用 Arrays 工具类,需要用 import java. util. Arrays 导入对应的类,这个类专门用来操作数组,为其提供搜索、排序、复制、填充等静态方法。

1)打印 Java 数组中的元素

使用 Arrays 类中的 toString 方法,将数组转换为字符串进行输出,代码如下:

```
//定义数组
int[] oldArr = { 1, 2, 3, 4, 5 };
//直接输出数组无法得到可辨识的结果
System.out.println("原始数组打印结果:" + oldArr);
//使用 toString 方法将数组转换为字符串
String newArr = Arrays.toString(oldArr);
System.out.println("转换数组打印结果:" + newArr);
```

运行结果为：

原始数组打印结果：[I@c17164]
转换数组打印结果：[1, 2, 3, 4, 5]

数组无法直接输出，因为数组变量 oldArr 只是一个地址引用。经过 Arrays. toString( ) 的转化后，才可以直接输出结果。

2) 比较两个数组值是否相等

使用 Arrays 类中的 equals 方法，数组相同返回 true，不同返回 false，代码如下：

```
String []arrA = {"A","B","C"};
String []arrB = {"A","B","C"};
String []arrC = {"a","b","c"};
//把比较的结果赋值给变量 isEqual
boolean isEqual = Arrays.equals(arrA,arrB);
System.out.println("arrA 和 arrB 的比较结果是:" + isEqual);
//也可以直接输出比较结果
System.out.println("arrA 和 arrC 的比较结果是:" + Arrays.equals(arrA,arrC));
```

运行结果为：

---

arrA 和 arrB 的比较结果是：true
arrA 和 arrC 的比较结果是：false

使用 equals 方法可以比较任意类型的数组是否相等，特别对于字符串数组来讲，会区分数组元素的大小写。

3) 找到元素在数组中的下标

使用 Arrays 类中的 BinarySearch 方法找到某个元素在数组中的位置，即下标，代码如下：

```
int []array = {1,2,3,5,7,9};
System.out.println("元素 2 的下标是:" + Arrays.binarySearch(array,2));
System.out.println("元素 4 的下标是:" + Arrays.binarySearch(array,4));
System.out.println("元素 5 的下标是:" + Arrays.binarySearch(array,5));
System.out.println("元素 6 的下标是:" + Arrays.binarySearch(array,6));
System.out.println("元素 9 的下标是:" + Arrays.binarySearch(array,9));
```

运行结果为：

元素 2 的下标是：1
元素 4 的下标是：-4
元素 5 的下标是：3
元素 6 的下标是：-5
元素 9 的下标是：5

从结果中可以看出,使用数字 binarySearch 方法获取元素在数组中的下标时,如果元素存在于该数组中,比如上面的数字 2,5,9,它们的下标就很好理解,但为什么像数字 4,6 这种不存在于该数组中的元素也有下标值呢?

因为 binarySearch 方法获取下标的操作是这样的,假设该元素存在于指定数组中,并自动按照从小到大排列,并返回假设的位置下标 +1,由于该元素实际上不存在于数组中,所以这个返回值要取负号。因此,上例中当查找数字 4 时,就假设数组是[1,2,3,4,5,7,9],4 在这里的下标是 3,故返回值就是 -(3+1),即 -4,当查找 6 时,会假设数组是[1,2,3,5,6,7,9],6 在这里的下标是 4,故返回值就是 -(4+1),即 -5。但要注意,自动排序只适用于要查找的元素不在当前数组中时,**如果元素实际存在于数组中,binarySearch 方法是不会排序后再输出位置的,而是直接输出元素所在位置的下标。**

使用 binarySearch 对其他类型的数组进行元素查找时也会遵循这个规律。

4)把一个数组复制出一个新数组

使用 Arrays 类中的 copyOf 方法复制数组,copyOf 方法包括两个参数:**原数组**和**长度**,长度参数决定了在复制数组时复制多少位,代码如下:

```java
int[] intArray1 = {10,20,30,40,50};
//使用 copyOf 方法复制数组,后面的数字 3 代表只复制 3 个元素
int[] intArray2 = Arrays.copyOf(intArray1,3);
//直接复制,用等于号赋值,新数组和原数组一样
int[] intArray3 = intArray1;
System.out.println(Arrays.toString(intArray2));
System.out.println(Arrays.toString(intArray3));
```

运行结果为:

[10, 20, 30]

[10, 20, 30, 40, 50]

---

copyOf 方法和一般等号赋值方法的区别在于 copyOf 可以根据需要决定复制原数组中的几个元素,通过第二个数字参数来实现,比如 copyOf(old,4)就是复制原数组中的 4 个元素,如果原数组只有 5 个元素,那么使用 copyOf 时写成 copyOf(old,6)会怎样?当复制数组新的长度参数超过原数组长度时,复制的新数组末尾会添加 0(整型数组补 0,字符串数组补 null,浮点型数组补 0.0,布尔型数组补 false)。

5)sort 方法,把数组中的元素按升序排序

使用 sort 方法对数组进行排序,可以全部排序也可以只排序部分元素,代码如下:

```java
int[] intArray1 = {10,30,20,50,40,14,22};
//排序全部元素 - 从小到大
Arrays.sort(intArray1);
System.out.println(Arrays.toString(intArray1));
//只排序部分元素
```

```
//Arrays.sort(int[] a, int fromIndex, int toIndex)
//对数组 a 的下标从 fromIndex 到 toIndex-1 的元素排序
//比如下面的 3,7。实际排序的元素的下标为 3 到 6 的元素
int[] intArray2 = {10,30,20,50,40,14,22};
Arrays.sort(intArray2,3,7);
System.out.println(Arrays.toString(intArray2));
```

运行结果为:

```
[10,14,20,22,30,40,50]
[10,30,20,14,22,40,50]
```

Arrays 类的 sort 方法对数组进行从小到大排序,也可以指定起始和结束位置对数组进行部分元素排序,sort 方法在默认情况下只能进行从小到大排序。

6)fill 方法,替换数组元素

使用 fill 可以替换数组元素,指定位置若已有元素,旧元素会被覆盖,代码如下:

```
int[] intArray1 = {10,30,20,50,40,14,22};
    //替换全部元素,原数组中所有的元素都会被替换
    Arrays.fill(intArray1,0);
    System.out.println(Arrays.toString(intArray1));
    //只替换部分元素
    //Arrays.fill(int[] a, int fromIndex, int toIndex, val)
    //替换数组 a 的下标从 fromIndex 到 toIndex-1 的元素
    //比如下面的 3,6。实际填充的元素为下标 3 到 5 的元素
    int[] intArray2 = {10,30,20,50,40,14,22};
    Arrays.fill(intArray2,3,6,0);
    System.out.println(Arrays.toString(intArray2));
```

运行结果为:

```
[0,0,0,0,0,0,0]
[10,30,20,0,0,0,22]
```

Arrays 类的 fill 方法将数组的元素替换为指定元素,适用于任意类型的数组,但所替换的新元素必须和数组元素为同一类型。

※ 本书只涉及了二维数组,但数组也可以无限增加维度,例如,int[][][][] intArray1,高维数组的使用和普通数组是一样的,仅复杂程度增加,实际应用中除非有相关需求,否则并不建议使用高维数组。

5.5　集合类

5.5.1　List

一种或多种特定关系的数据元素的集合在计算机中的表示称为数据的存储结构。其中线性表是一种典型的线性结构,是具有相同属性的数据元素的一个有限序列。线性表的顺序存储是用一组连续的存储单元依次存储线性表中的数据元素,线性表采用顺序存储的方式称为顺序表。顺序表不仅支持重复元素的存储,而且支持位置存储元素,即用户可以指定操作对应位置的元素。常见的线性结构有顺序表、链表、栈、向量和队列等,这些结构在《数据结构》一书中有详细讲解,这里仅作回顾。

1）顺序表与链表

顺序表是线性表的"顺序存储",数据元素**依次存储**在一组**连续**的存储单元里;而链表是线性表的"链式存储",数据元素不一定存储在一组连续的存储单元里,通过"链条"连接相邻的元素,能很方便地完成元素的插入和删除工作,它们的区别如图5.1所示。

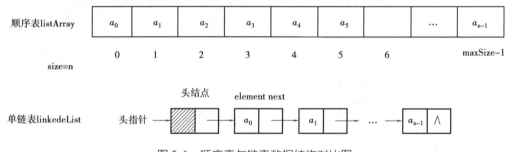

图 5.1　顺序表与链表数据结构对比图

2）栈（Stack）

栈是限定仅在表尾进行插入或删除操作的线性表。因此,对栈来说,表尾端有其特殊含义,称为栈顶,相应的表头称为栈底。栈的数据操作只能在栈顶进行,数据的进栈(压入)和出栈(弹出)操作都在栈顶进行,也就是先进栈的元素后出栈,栈又称为"后进先出"的线性表,可以将栈想象成一个子弹夹,数据(子弹)的进入和出去只有一个口。栈的压入和弹出步骤如图5.2所示,我们只能从栈的顶端,执行从栈里弹出元素和压入元素的动作。

图 5.2　栈示意图

3）向量（Vector）

向量可以实现长度可变的数组,但 Vector 中只能存放对象。与数组一样,它包含可以使用整数索引进行访问的组件。

4)队列(Queue)

与栈相反,队列是一种"先进先出"的线性表。它只允许在表的一端进行插入(入队列),在另一端进行删除(出队列)。允许插入的一端叫作队尾,允许删除的一端叫作对头,队列的入队列和出队列步骤如图5.3所示。

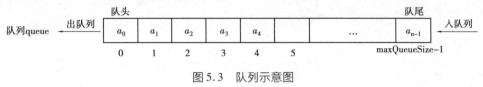

图5.3　队列示意图

5.5.2　ArrayList 与 LinkedList

1)ArrayList

ArrayList 是一个实现 List 接口的能自动增长容量的动态数组,实际是采用对象数组实现的。自动增长容量就是当超过数组的容量时,则会创建一个更大的数组并将当前数组中的所有元素复制到新创建的数组中。如果需要使用下标随机访问元素,除表的末尾外,不在其他位置进行插入或者删除元素操作,ArrayList 则提供了效率最高的集合结构。List 接口的常用方法见表5.6。

表5.6　List 接口的常用方法

方　　法	功　　能
boolean add(Object o)	将指定的元素追加到此列表的尾部
void add(int index, Object element)	将指定的元素插入此列表中的指定位置
Object remove(int index)	移除此列表中指定位置上的元素
boolean remove(Object o)	从此列表中移除指定元素的单个实例
void clear()	移除此列表中的所有元素,列表将被置为空
Object get(int index)	返回此列表中指定位置上的元素
Object set(int index, Object element)	用指定的元素替代此列表中指定位置上的元素
int size()	返回此列表中的元素数

演示 ArrayList 类的常用方法使用。

```
List list = new ArrayList();
//添加对象元素到数组列表中
list.add(new Integer(11));
list.add(new Integer(12));
list.add(new Integer(13));
list.add(null);
list.add(new String("hello"));
System.out.println("数组元素为:");
```

```
//使用迭代器遍历集合中的每一个元素
Iterator it = list.iterator();
while(it.hasNext()){
    //获取 ArarryList 对象中存放的数据,注意获得的是 Object 类型的
    System.out.println("a[" + i + "] = " + it.next());
}
```

运行结果为:

数组元素为:
a[0] = 11
a[1] = 12
a[2] = 13
a[3] = null
a[4] = hello

2) LinkedList

如果上例将 ArrayList 换成 LinkedList,我们获得的结果是一样的。那么它们二者有什么区别? LinkedList 可以实现在表头和表尾进行数据的增加和删除操作。例如:

```
LinkedList a = new LinkedList();
a.addFirst("a");//从链表头添加数据
a.addLast("b");//从链表尾添加数据
a.removeFirst();//从链表头除去数据
a.removeLast();//从链表尾除去数据
```

5.5.3 向量类 Vector

Vector 和 ArrayList 一样是 List 接口的实现类,它也是用来存放数据的容器。

(1)常用属性

①capacity:集合最多能容纳的元素个数。

②capacityIncrement:表示每次增加多少容量。

③size:表示集合当前的元素个数。

(2)常用方法

①void addElement(Object obj):添加元素到末尾。

②void add(int index,Object element):指定索引位置添加元素。

③Object elementAt(int index):取指定索引位置元素。

④void insertElementAt(Object obj,int index):将元素插入指定索引位置。

演示 Vector 类的常用方法,引用 java.util.Vector。

```
Vector v = new Vector();
v.add("I ");
v.add("like ");
```

```
v.add("Java ");
v.add("very much!");
for(int i = 0;i < v.size();i ++){
    System.out.printIn(v. get(i));    //获取指定索引处的元素
}
```

运行结果为：

```
I
like
Java
very much!
```

5.5.4　栈 Stack

栈(Stack)是 Vector 的一个子类,它实现了标准的"后进先出"操作的数据结构。Stack 向栈输入数据的操作称为"压栈",删除栈顶端的数据称为"出栈",Stack 类是作为 Vector 类的扩展实现的。

常用方法：

①Object push(Object item):实现栈顶部的压栈操作。

②Object pop( ):实现栈顶部的数据出栈。

③Object peek( ):用于返回栈的顶层而不弹出。

④int search(Object data):用于获取数据在栈中的位置,最顶端的位置是 1,向下依次增加,若栈不含此数据,则返回 –1。

⑤boolean isEmpty( ): 判断栈是否为空,若为空栈则返回 true,否则返回 false。

编写程序演示 Stack 类"后进先出"特点,将 1 到 10 入栈,然后再出栈。

```
Stack s = new Stack();      //声明一个栈类对象 s
System.out.print("栈的入栈顺序为:");
for (int i = 1; i <= 10; i ++){      //入栈操作
    System.out.print(s.push(i) + " ");
}
System.out.println();
int len = s.size();      //求栈长度
System.out.print("栈的出栈顺序为:");
for (int i = 1; i <= len; i ++){      //出栈操作
    System.out.print(s.pop() + " ");
}
```

运行结果为：

栈的入栈顺序为:1 2 3 4 5 6 7 8 9 10
栈的出栈顺序为:10 9 8 7 6 5 4 3 2 1

5.5.5 Map

Map 与 List、Set 等不同的是,Map 接口不是 Collection 接口的继承。Collection 和 Map 接口之间的主要区别在于:Collection 中存储的数据是一个一个存入的,而 Map 是以键/值对(key/value pairs)的形式保存的。在 Map 对象中,每一个键最多有一个关联值。值可以重复,但键必须是唯一的。我们可以这样来理解键/值对,药房有很多药柜,医生找药时不可能把每个柜子都打开找,这样太耗时,他可以通过药柜上贴的标签去找到所需要的药,这里的药就是 value 值,而标签就是 key 键。如果标签有相同的也会造成找药混乱,因此绝对不允许有相同的标签。Map 接口及其实现类,如图 5.4 所示。

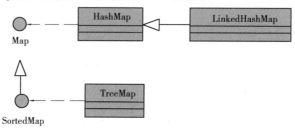

图 5.4　Map 接口及其实现类

实现 Map 接口的具体类有散列图 HashMap 类、链式散列图 LinkedHashMap 类和树形图 TreeMap 类。HashMap 类是使用哈希表实现 Map 接口,其存入的元素是没有顺序的。LinkedHashMap 类扩展了 HashMap,可以实现按顺序存入。而 TreeMap 类通过使用树结构来实现 Map 接口,可以以排序的方式存储。Map 接口的常用方法,见表 5.7。

表 5.7　Map 接口的常用方法

方　法	功　能
Object put(Object key , Object value)	添加一个元素到表中,并赋予它一个特定的键。返回指定了相同键的前一个元素,若没有指定前一个元素,则返回 null
Object get(Object key)	返回一个元素,可以利用指定的键来查找它。如果找不到此元素,返回值为 null
void clear( )	删除表中的全部内容
boolean contains(Object value)	判断 Map 中是否包含了某个 value 值
int size( )	返回元素数量
boolean isEmpty( )	判断 Map 是否为空
Enumeration keys( )	获得 Map 中所有的 key 值
Object remove(Object key)	删除一个键及其对应的元素,返回该元素

演示 HashMap 等类的常用方法。

```
//使用 HashMap 存储对象元素
Map m = new HashMap();
m.put("Tom", "80");      //参数为(key,value)键/值对
```

```
m.put("Jack", "92");
m.put("Rose", "68");
System.out.println(m.get("Jack"));        //通过 key 获取到 value
```

运行结果为:

92

小课题:录入几组学生信息(学号,姓名,性别),然后通过查询学号得到对应的学生信息,在没有使用数据库的情况下,可以用 Map 来模拟这个过程。

①引入 java. util 包中的相关类。

```
import java.util.Collection;
import java.util.HashMap;
import java.util.Iterator;
import java.util.Map;
```

②创建学生类 Student,并为其定义一个构造函数,进行参数传递。

```
class Student {
//声明学生类成员变量
String sNO, sName, sSex;
//构造函数
Student(String sNO, String sName, String sSex) {
    this.sNO = sNO;
    this.sName = sName;
    this.sSex = sSex;
}
//打印学生信息
public void show(){
    System.out.print(sNO + "\t" + sName + "\t" + sSex);
}
}
```

③在主函数 main( )中声明 3 个学生对象 s1,s2,s3,并赋值。

```
//创建 3 个 Student 对象
Student s1 = new Student("070011101", "张阳", "男");
Student s2 = new Student("070011102", "赵芸", "女");
Student s3 = new Student("070011103", "李杰", "男");
```

④声明一个 HashMap 对象 hm。

```
Map hm = new HashMap();
```

⑤为 HashMap 对象依次添加 3 个学生对象 s1,s2,s3,key 为学号。

```
//向 hm 对象中依次添加 3 个学生对象 s1,s2,s3
hm.put("070011101", s1);
hm.put("070011102", s2);
hm.put("070011103", s3);
```

⑥获取学生对象并打印输出学生信息。

```
Student s = (Student) hm.get("070011101");
s.show();    //打印学生信息
```

运行结果为：

070011101   张阳   男

5.5.6　Collection 接口

Collection 接口是构造集合框架的基础，没有直接的实现类。Collection 声明了所有集合都有的核心方法，这些方法见表5.8。想要尽可能地以常规方式处理一组元素时，就使用这一接口。

表5.8　Collection 接口定义的方法

方　法	功　能
boolean add(Object obj)	将 obj 添加到调用集合中。如果添加成功，返回 true
boolean addAll(Collection c)	将集合 c 中的所有元素添加到该集合。如果添加成功，返回 true
void clear()	删除该集合中的所有元素
boolean contains(Object o)	如果该集合包含元素 o，则返回 true
boolean containsAll(Collection c)	如果该集合包含集合 c 中所有元素，则返回 true
boolean equals(Object o)	如果该集合等于另一个集合 o，则返回 true
boolean isEmpty()	判断调用集合是否为空，若为空，则返回 true
Iterator iterator()	返回调用集合的迭代器
boolean remove(Object o)	删除该集合中的元素 o
boolean removeAll(Collection c)	从调用集合中删除集合 c 中的所有元素
boolean retainAll(Collection c)	从调用集合中删除集合 c 中的元素之外的所有元素
int size()	返回调用集合中的元素数
Object[] toArray()	返回包含调用集合中存储的所有元素的数组

Collection 不提供 get() 方法。如果要遍历 Collection 中的元素，就必须用 Iterator。Collection 接口的 iterator() 方法返回一个指向集合的迭代器 Iterator。Iterator 接口提供 next() 方法(返回迭代的下一个元素，要向下移动指针。)和 hasNext() 方法(判断迭代的集合是否还有元素，但不移动指针)。使用集合框架时需要频繁使用迭代器。

5.5.7　Set

Java 集合构架支持3种类型集合：规则集(Set)、线性表(List)和图(Map)，它们分别定义在接口 Set，List 和 Map 中。

①Set(集):集合中的对象不按特定方式排序(它的有些实现类能对集合中的对象按特定方式排序),并且没有重复对象。

②List(列表):集合中的对象按照索引位置排序,可以有重复对象,允许按照对象在集合中的索引位置检索对象。List 与数组相似。

③Map(映射):集合中的每一个元素包含一对键对象和值对象,集合中没有重复的键对象,值对象可以重复,如图5.5 所示。

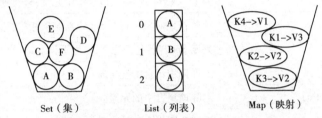

图 5.5　Java 集合构架中的 3 种集合类型

Java 集合框架中接口的继承关系如图 5.6 所示。

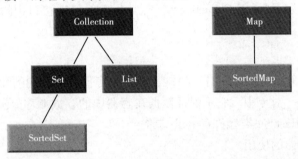

图 5.6　Set，List，Map 接口与 Collection 接口之间的关系

从图 5.6 中可以看出,Set 和 List 接口都是继承于 Collection 接口的,因此要学习 Set 与 List 接口,必须要先了解 Collection 接口都做了哪些规定。

5.5.8　规则集 Set 和它的常用实现类

1)Set 接口

Set 接口继承于 Collection 接口,其特点是它不允许集合中存在重复项。常用的 Set 接口实现类有 HashSet 和 LinkedHashSet,如图 5.7 所示。

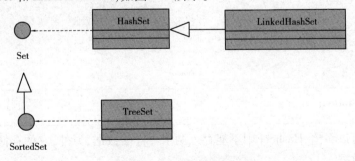

图 5.7　Set 接口及其实现类

Set 容器对象的常用方法见表5.9。

表5.9　Set **接口定义的方法**

方　　法	功　　能
boolean add(Object o)	如果 Set 中尚未存在指定元素,则添加该元素
void clear()	删除 Set 容器中的所有元素
boolean contains(Object o)	判断 Set 容器中是否包含指定元素,包含则返回 true
boolean equals(Object o)	比较指定对象是否与 Set 容器对象相等,相等返回 true
boolean isEmpty()	判断 Set 容器是否为空,空则返回 true
Iterator iterator()	返回调用集合的迭代器
boolean remove(Object o)	删除该集合中的元素 o
int size()	返回调用集合中的元素数

当然,既然 Set 接口继承于 Collection 接口,那么 Collection 接口中的方法在 Set 接口中同样可以使用。

2)散列集 HashSet

HashSet 类是一个实现 Set 接口的具体类,可用来存储互不相同的元素。注意,将相同的元素存到一个 HashSet 对象中。它不保证数据在容器中的存放顺序,不保证顺序恒久不变,元素是没有顺序的,HashSet 类允许存 null 元素。

演示 HashSet 容器的使用。

```
Set s = new HashSet();
s.add("I");
s.add("am");
s.add("a");
s.add("student");
s.add("a");        //测试能否添加重复元素
System.out.print("排序结果:");
//使用迭代器遍历集合中的每一个元素
Iterator it = s.iterator();
while (it.hasNext()) {    //如果 HashSet 对象中迭代器指向的数据下一个还存在的话
    System.out.print(it.next() + "");    //获得该数据
}
```

运行结果为:

排序结果:student am a I

在该例中可以看出,HashSet 中不能存入两个一样的数据,另外,它的存储数据结构不保证按顺序存储数据。

3) LinkedHashSet 和 TreeSet

如要想实现按照顺序存取,只需将上例的

```
Set s = new HashSet();
```

更改成

```
Set s = new LinkedHashSet();
```

运行结果为:

排序结果: I am a student

如果将这句话改成:

```
Set s = new TreeSet();
```

运行结果为:

排序结果:I a am student

从这两个例子中可以看出,LinkedHashSet 对象中的数据是按放入时的顺序进行组织的。而 TreeSet 将放入的数据进行了由小到大的排序。

5.5.9　泛型

泛型是 Java SE 1.5 的新特性,泛型的本质是参数化类型,也就是说,所操作的数据类型被指定为一个参数。这种参数类型可以用在类、接口和方法的创建中,分别称为泛型类、泛型接口、泛型方法。Java 语言引入泛型的好处是安全简单。

在 Java SE 1.5 之前,没有泛型的情况下,通过对类型 Object 的引用来实现参数的“任意化”,“任意化”带来的缺点是要做显式的强制类型转换,而这种转换是在要求开发者对实际参数类型可以预知的情况下进行的。对于强制类型转换错误的情况,编译器可能不提示错误,在运行时才出现异常,这是一个安全隐患。

泛型的好处是在编译时检查类型安全,并且所有的强制转换都是自动和隐式的,以提高代码的重用率。

①泛型的类型参数只能是类类型(包括自定义类),不能是简单类型。

②同一种泛型可以对应多个版本(因为参数类型是不确定的),不同版本的泛型类实例是不兼容的。

③泛型的类型参数可以有多个。

④泛型的参数类型可以使用 extends 语句,如 < T extends superclass > 。习惯上称为“有界类型”。

⑤泛型的参数类型还可以是通配符类型,如 Class < ? > classType = Class. forName(“java. lang. String”);。

一般来讲,在使用泛型时主要会使用这样两个特性:类型安全、效率高。

①泛型特性之一:类型安全。

由于集合的特殊性,使得一个集合可以保存多种类型元素,但这样会存在一个问题,在遍历这些集合元素时,如果需要取得其中的一种类型,则必须判断集合中每一个元素的类型,否则就会报错。而使用泛型,则可以有效地避免这个问题发生,当然这样做也会导致集合中不能再保存多种类型的元素。例如:

不使用泛型:

```
ArrayList test = new ArrayList();
test.Add(10086);
test.Add("一个字符串");
test.Add(new TestClass());
foreach(int i in test){
    //这里会出现异常,因为并不是集合中的所有元素都可以转化为 int
    System.out.printIn(i);
}
```

使用泛型:

```
List < int > test = new List < int > ();
test.Add(10086);
test.Add("一个字符串");      //编译时报错,只能报整数类型添加到集合中
test.Add(new TestClass());      //同上
```

从以上代码可以看出,使用泛型可以保证在集合中保存的都是同一类型的元素,避免出现类型异常的情况。

②泛型特性之二:效率高。

不使用泛型时,即使知道集合中保存的元素类型,但再取出时,都只能获得 Object 对象。为此,必须在取出元素时进行对象类型转换才能得到想要的结果。若使用泛型,由于类型已经被定义,在取出时就可以直接获取指定的数据类型,无须再进行二次转换。例如:

不使用泛型:

```
ArrayList test = new ArrayList();
//这里保存时是存的整型
test.Add(10086);
//但取出时只能是 Object 类型,因此要想得到整型,必须进行强制转换
int i = (int)test[0];
```

使用泛型:

```
List < int > test = new List < int > ();
test.Add(10086);      //因为指定了用 int 来实例化,因此不必装箱
int i = test[0];      //可以直接获取整型对象,无须转换
```

从以上代码可以看出,使用泛型可以有效地减少开发中的代码量,类型转换这部分的功能已交由程序自动完成,而不用手动书写。

5.5.10　反射

Java 反射机制是在运行状态中,对于任意一个类,都能知道这个类的所有属性和方法;对于任意一个对象,都能调用它的任意一个方法;这种动态获取的信息以及动态调用对象的方法称为 Java 语言的反射机制。

Java 语言的反射机制提供了一种非常通用的动态连接程序组件的方法。它允许你的程序创建和维护任何类对象(服从安全限制),而不需要提前对目标类进行硬编码。这些特征使得反射在创建与对象一同工作的类库中的通用方法方面非常有用。例如,反射经常被用于那些数据库,XML,Eclipse 或者其他的外部框架中,如 Struts,Spring,Hibernate。

JVM 本身包含了一个 ClassLoader 称为 Bootstrap ClassLoader。和 JVM 一样,Bootstrap ClassLoader 是用本地代码实现的,它负责加载核心 Java Class(即所有 java. * 开头的类)。另外,JVM 还会提供两个 ClassLoader,它们都是用 Java 语言编写的,由 Bootstrap ClassLoader 加载;其中 Extension ClassLoader 负责加载扩展的 Java class(例如,所有 javax. * 开头的类和存放在 JRE 的 ext 目录下的类),Application ClassLoader 负责加载应用程序自身的类,见表5.10。

表5.10　类加载器列表

Class loader 类型	用　途
bootstrap class loader	用本地语言实现,如汇编、C 或 C ++,用于加载 jdk 的核心类
extesion class loader	加载 jre/lib/ext 中的类
application class loader	加载自定义类 ClassLoader. getSystemClassLoader( )
other class loader	SecureClassLoader URLClassLoader

```
System.out.println("String 的类加载器是:" + String.class.getClassLoader());
System.out.println("JDK_HOME \jre \lib \ext \sunjco_provider.jar 中的 AESCipher
的类加载器:" + com.sun.crypto.provider.AESCipher.class.getClassLoader().get-
Class().getName());
System.out.println("自定义类 TestJDKClassLoader 的类加载器是:"
    + TestJDKClassLoader.class.getClassLoader().getClass()
    .getName());
```

运行结果为:

String 的类加载器是:null

JDK_HOME \jre \lib \ext \sunjco_provider. jar 中的 AESCipher 的类加载器:sun. misc. Launcher $ ExtClassLoader

自定义类 TestJDKClassLoader 的类加载器是:sun. misc. Launcher $ AppClassLoader

String 的类加载器是 bootstrap class loader,由于 bootstrap class loader 不是用 java 实现的,所以显示为 null。

Java 的反射机制的实现要借助于 4 个类:Class,Constructor,Field,Method。其中,Class 代表的是类对象,Constructor-类的构造器对象,Field-类的属性对象,Method-类的方法对象。通过这 4 个对象可以粗略地看到一个类的各个组成部分。

java. lang. Class

Class 为反射的核心类,所有的操作都是围绕该类来生成的,Class 类十分特殊,和其他类一样继承于 Object 类,其实例用来表达 java 在运行时的 classes 和 interface,也用来表达 enum,array,primitive java types(boolean, byte, char, short, int, long, float, double)以及关键字 void。当一个 class 被加载,或当类加载器(class loader)的 defineClass( )被 JVM 调用时,JVM 便自动产生一个 Class object 实例。

Class 类用来表达 Java 程序运行时的 classes 和 interfaces,也用来表达 enum,array,primitive Java types(boolean, byte, char, short, int, long, float, double)以及关键词 void。常见的 Class 对象取得途径,见表 5.11。

表 5.11 常见的 Class 对象取得途径

获得 Class 对象的方法	示 例
运用 getClass( ) 注:每个 class 都有此函数	String str = "abc"; Class c1 = str. getClass( );
运用 Class. getSuperclass( )	Button b = new Button( ); Class c1 = b. getClass( ); Class c2 = c1. getSuperclass( );
运用 static method Class. forName( )(最常被使用)	Class c1 = Class. forName("java. lang. String"); Class c2 = Class. forName("java. awt. Button"); Class c3 = Class. forName ("I");
运用. class 语法	Class c1 = String. class; Class c2 = java. awt. Button. class; Class c3 = Main. InnerClass. class; Class c4 = int. class; Class c5 = int[ ]. class;
运用 primitive wrapper classes 的 TYPE 语法	Class c1 = Boolean. TYPE; Class c2 = Byte. TYPE; Class c3 = Character. TYPE; Class c4 = Short. TYPE; Class c5 = Integer. TYPE; Class c6 = Long. TYPE; Class c7 = Float. TYPE; Class c8 = Double. TYPE; Class c9 = Void. TYPE;

5.5.11 枚举

在某些情况下,一个类的对象是有限且固定的,例如季节,它只有 4 个对象;再如太阳系的行星,目前只有 9 个对象。这种实例有限且固定的类,在 Java 中被定义为枚举类。

手动实现枚举类,如果需要手动实现枚举类,可采取以下方式:

①通过 private 将构造器隐藏起来。

②将该类的所有可能的实例都使用 public static final 属性来保存。

```java
public class Color{
  public static final Color RED = new Color("红色") ;   //定义第一个对象
  public static final Color GREEN = new Color("绿色") ;    //定义第二个对象
  public static final Color BLUE = new Color("蓝色") ;    //定义第三个对象
  private String name ;
  private Color(String name){     //构造方法私有化,同时设置颜色的名称
    this.setName(name) ;    //为颜色的名字赋值
  }
  public String getName() {    //取得颜色名称
    return this.name;
  }
public void setName(String name) {    //设置颜色名称
    this.name = name;
  }
  //得到一个颜色,只能从固定的几个颜色中取得
  public static Color getInstance(int i){
    switch (i){
    case 1 :    //返回红色对象
      return RED ;
    case 2 :    //返回绿色对象
      return GREEN ;
    case 3 :    //返回蓝色对象
      return BLUE ;
    default:    //错误的值
      return null ;
    }
  }
}
public class ColorDemo {
    public static void main(String args[]){
        Color c1 = Color.RED ;    //取得红色
        System.out.printIn(c1.getName());    //输出名字
        Color c2 = Color.getInstance(3) ;    //根据编号取得名字
```

```
        System.out.println(c2.getName());      //输出名字
    }
}
```

运行结果为：

红色
蓝色

程序将 Color 类中的构造方法私有，之后在类中准备了若干个实例化对象，如果要取得 Color 类的实例，则只能从 RED，GREEN，BLUE 3 个对象中取得，这样就有效地限制了对象的取得范围。

以上使用的 Color 对象指定的范围，是通过一个个常量对每个对象进行编号的。也就是说，一个个对象就相当于用常量表示了，所以，按照这个思路也可以直接使用一个接口规定出一组常量的范围。

使用接口表示一组范围。

```
public interface Color{
    public static final int RED = 1 ;      //表示红色
    public static final int GREEN = 2 ;     //表示绿色
    public static final int BLUE = 3 ;      //表示蓝色
}
```

以上表示出的各个颜色是通过接口指定好的常量范围，与之前相比更简单。但是这样做会存在另一个问题，如果现在使用如下的代码：

```
System.out.println(Color.RED + Color.GREEN) ;      //颜色相加
```

运行结果为：

3

两个颜色的常量相加后形成"3"，这样的结果看起来会令人困惑，操作不明确，这时就可以使用枚举类型来获取对应的颜色。

定义一个 Color 的枚举类型：

```
public enum Color{      //定义枚举类型
    RED,GREEN,BLUE ;      //定义枚举的 3 个类型
}
```

以上 Color 定义出的枚举类型，其中包含 RED，GREEN，BLUE 3 个数据。可以使用"枚举. variable"的形式。

取出一个枚举的内容：

```
Color c = Color.BLUE ;      //取出蓝色
System.out.println(c);      //输出信息
```

运行结果为：

BLUE

枚举类型的数据也可以使用"枚举.values( )"的形式,将全部的枚举类型变为对象数组的形式,之后直接使用 foreach 进行输出。例如:

使用 foreach 输出枚举内容:

```
for(Color c : Color.values()){      //枚举.values()表示得到全部枚举的内容
    System.out.println(c);
}
```

运行结果为:

RED
GREEN
BLUE

枚举中的每个类型也可以使用 switch 进行判断,但在 switch 语句中使用枚举类型时,一定不能在每一个枚举类型值的前面加上枚举类型的类名(如 Color.BLUE),否则编译器会报错。例如:

使用 switch 进行判断:

```
public class SwitchPrintDemo {
  public static void main(String args[]){
    for(Color c : Color.values()){       //枚举.values()表示得到全部枚举的内容
      print(c);
    }
  }
public static void print(Color color){
  switch(color){      //判断每个颜色
    case RED:{      //直接判断枚举内容
        System.out.printIn("红颜色");
        break ;
    }
    case GREEN:{       //直接判断枚举内容
        System.out.printIn("绿颜色");
        break ;
    }
    case BLUE:{      //直接判断枚举内容
        System.out.printIn("蓝颜色");
        break ;
    }
    default :{      //未知内容
```

```
        System.out.printIn("未知颜色");
        break ;
      }
    }
  }
}
```

运行结果为：

红颜色
绿颜色
蓝颜色

小 结

　　本章简单介绍了 Java 中的抽象类、接口、常用工具类（Object、字符串、包装类、Math、日期、Random、数组）、集合类（List、向量、Map、Set、泛型、反射、枚举）的概念。

本章知识体系

知识点	难度	重要性
抽象类	★★★	★★
接口	★★★	★★★★
工具类	★★★	★★★★
集合类	★★★★	★★★★
final	★	★★★★

章节练习题

一、选择题

1. Java 语言中，在类定义时使用 final 关键字修饰，是指这个类（　　　）。

　A. 不能被继承　　　　　　　　　　B. 在子类方法中不能被调用

　C. 能被别的程序自由调用　　　　　D. 不能被子类的方法覆盖

　2. 下列选项中，表示数据或方法可以被同一包中的任何类或它的子类访问，即使子类在不同的包中也可以的修饰符是（　　　）。

　A. public　　　　　B. protected　　　　　C. private　　　　　D. final

　3. 下列选项中，表示数据或方法只能被本类访问的修饰符是（　　　）。

　A. public　　　　　B. protected　　　　　C. private　　　　　D. final

　4. 下列选项中，接口中方法的默认可见性修饰符是（　　　）。

　A. public　　　　　B. protected　　　　　C. private　　　　　D. final

5.方法的重载指多个方法可以使用相同的名字,但是参数的数量或类型必须不完全相同,即方法体有所不同,它实现了 Java 编译时的 (　　　)。

A.多态性　　　　　　B.接口　　　　　　　C.封装性　　　　　　D.继承性

6.在某个类中存在一个方法、void sort(int x),下列不能作为这个方法的重载声明是 (　　　)。

A. public float sort(float x)　　　　　　B. int sort(int y)

C. double sort(int x,int y)　　　　　　D. void sort(double y)

7.为了区分类中重载的同名的不同方法,要求(　　　)。

A.采用不同的形式参数列表　　　　　　B.返回值类型不同

C.调用时用类名或对象名做前缀　　　　D.参数名不同

8.在类的定义中,通过使用(　　　)关键字可创建一个现有类的子类。

A. extends　　　　　　B. implements　　　　　　C. inherits　　　　　　D. modifies

9.为了调用超类的方法,可以使用(　　　)关键字后跟包含该超类所需参数的一对圆括号。

A. superclass　　　　　B. superconstructor　　　　C. super　　　　　D.以上答案都不对

10.关键字(　　　)表示某个新类是由一个现有的类中继承的。

A. interits　　　　　　B. extends　　　　　　C. reuses　　　　　　D.以上答案都不对

11.Java 语言中的类间的继承关系是(　　　)。

A.多重　　　　　　　B.单重　　　　　　　C.线程　　　　　　　D.不能继承

12.下列选项中,用于定义子类时声明父类名的关键字是(　　　)。

A. interface　　　　　B. package　　　　　　C. extends　　　　　　D. class

13.下列关键字中,用于声明类实现接口的关键字是(　　　)。

A. implements　　　　B. package　　　　　　C. extends　　　　　　D. class

14.下列修饰符中,可以用于说明类的是(　　　)。

A. private　　　　　　B. static　　　　　　C. abstract　　　　　　D. protected

15.下列用于定义类成员的访问控制权的一组关键字是(　　　)。

A. class, float, double, public　　　　　B. float, boolean, int, long

C. char, extends, float, double　　　　　D. public, private, protected

二、填空题

1.方法重载实现多态时,要求_____、_____、_____ 3 个中的一个必须不同。

2.在 Java 语言中,仅支持类间的_____继承。

3.抽象方法只有_____,没有_____的方法。

4.面向对象程序设计语言的三大特征是_____、_____和_____。

5.用于创建类实例对象关键字的是_____。

6.Java 中类成员的限定词有以下几种 private,public,_____,_____其中的限定范围最大。

7.被关键字_____修饰符的方法是不能被当前类的子类重新定义的方法。

8.创建类对象时,使用运算符_____给对象分配类存空间。

9. Java 中所有类都是类_____的子类。

10. 定义类的构造方法不能有返回值类型,其名称与_____名相同。

三、判断题

1. 一个接口不可以继承其他接口。 （   ）

2. 一个类可以实现抽象类的所有方法,也可以只实现部分方法,但实现部分方法的类仍然是一个抽象类。 （   ）

3. 在实现接口时,要实现接口的所有方法。 （   ）

4. 抽象方法必须在抽象类中,所以抽象类中的方法都必须是抽象方法。 （   ）

5. final 类中的属性和方法都必须被 final 修饰符修饰。 （   ）

6. 最终类不能派生子类,最终方法不能被覆盖。 （   ）

7. 子类要调用父类的方法,必须使用 super 关键字。 （   ）

8. 一个 Java 类可以有多个父类。 （   ）

9. 如果 p 是父类 Parent 的对象,而 c 是子类 Child 的对象,则语句 c = p 是正确的。 （   ）

10. 一个类如果实现了某个接口,那么它必须覆盖该接口中的所有方法。 （   ）

6 | 异常处理

程序运行中必然会出现异常,当出现异常时就必须要对其进行处理。本章将对 Java 中的异常处理方式和自定义异常方式做一定的说明。

【学习目标】
- 理解异常处理的概念;
- 理解异常处理机制;
- 理解异常类的用法;
- 能够使用 Java 中的异常类;
- 能够自定义异常。

【能力目标】
能理解并使用 Java 中的异常类,能编写并使用自定义异常。

6.1 程序中异常处理机制

程序在运行过程中产生异常将会中断程序的正常执行,如果这些异常不能被处理,那么将影响程序的运行,异常在软件中是必然存在的,处理异常是程序员在开发时的一项相当大的工作。Java 提供了异常处理机制使我们的异常处理变得更加规范和容易。

Java 语言的处理异常机制由抛出异常和捕获异常两部分组成:

6.1.1 抛出异常

首先将各种异常情况划分成若干个异常类,在执行某个程序的过程中,运行时系统随时对它进行监控,若出现了不正常的情况,就会生成一个异常对象,而且会传递给运行的系统。这个产生和提交异常的过程称为抛出异常。每个异常对象对应一个异常类,它既可能由正在执行的方法生成也可能由 Java 虚拟机生成,该对象包含异常的类型以及异常发生时程序运行状态等信息。

6.1.2 捕获异常

当有异常对象抛出后,系统将获得这个对象,它会寻找处理这一异常的代码,如果找到则按该代码处理,否则将终止程序的运行。

6.2 Java 中的异常类

将各种不同类型的异常情况进行分类,用 Java 类来表示异常情况,这种类被称为异常类。

6.2.1 异常的分类

异常主要有 Error 和 Exception 两类。

①Error:由 Java 虚拟机生成并抛出,Java 程序不能做处理。

②Exception:由程序处理的异常,分为运行时异常(Runtime Exception)和非运行时异常(None Runtime Exception)。运行时异常就是编译器编译时发现不了,而在运行时才报错的异常。非运行时异常则是指编译时就能发现的异常。

常见的 Exception 异常有算术异常(Arithmetic Exception)、空指针异常(Null Pointer Exception)、类型强制转换异常(Class Cast Exception)、数组负下标异常(Negative Array Size Exception)、数组下标越界异常(Array Index Out Of Bounds Exception)。

6.2.2 异常处理的方法

异常处理的方法有两种:一种是通过 try…catch…finally 结构对异常的捕获和处理;另一种是用 throws 和 throw 抛出异常。

1)捕获异常

```
try{
        //这里写需要监控错误的代码块
}catch(Exception e){
        //这里写处理错误的逻辑。e是产生的错误对象
}finally{
        //这里写无论出错与否都要运行的代码块
}
```

在这里必须注意以下几点:

①try 语句不能脱离 catch 或 finally 语句而单独存在。至少有 1 个 catch 或 finally 语句。

②在 try 代码块中定义的变量的作用域只在 try 代码块中,在其他代码块中不能访问该变量。

③try 语句后可以有 1 个到多个 catch 语句或 0 个到 1 个 finally 语句。

④当 try 语句后有多个 catch 语句时,Java 虚拟机将实际抛出的异常对象和各个 catch 代码声明异常的类型进行匹配,若匹配成功是某个类型或是其子类对象,那么就执行该 catch 语句。

⑤try 语句后可以直接跟 finally 语句。

例如,处理除数为 0 的异常。

```
int m, n;
try {     //这里是可能出现异常的代码
    m = 5;
    n = 0;
    int c = m /n;
    System.out.printIn(m + "/" + n + "=" + c);
}catch(ArithmeticException e){     //捕获算术异常
    System.out.printIn("除零错误!");
}catch(Exception e){     //捕获所有异常
    System.out.printIn("其他错误");
}
System.out.println("After try -catch.");
```

执行结果为:

除零错误!
After try-catch.

在上例中 try 语句后可以有 1 个到多个 catch 语句,基本格式类似于下面这种结构:

```
try{
    ·····
} catch(异常 1) {
    ·····
} catch(异常 2) {
    ·····
} catch(异常 n) {
    ·····
} catch(Exception e) {
    ·····
}
```

由于一段代码可能会生成多个异常,所以当有异常发生时,Java 会按顺序来寻找每一个 catch 语句,并执行第一个类型与异常类型匹配的语句。而 Exception 是所有异常类的父类,所以所有异常必然都能匹配该类对象,因此,如果多重 catch 语句中有捕获 Exception 对象,则其只能放到 catch 语句的最下层。

2) finally 子句

finally 语句定义了一个总是被执行的代码块,而不管有没有出现异常。

```
try {
.....
}catch(ExceptionType1 ExceptionObject) {
    .....
}
finally {
    .....    //（统一的出口,最终必定要执行）
}
```

3）抛出异常

当我们不想在程序中立刻处理异常时,可以使用一种谁调用谁处理的机制,那就是异常的抛出。可以利用 throw 语句由开发人员主动抛出一个异常。

```
throw new Exception();
```

要使用 throw 语句抛出异常,还必须在使用这个语句的方法上使用 thows 子句,使虚拟机知道,这个方法中的异常要抛出,不当场处理。

下面是 throws 子句的结构:

```
public double divided( )throws XXXException{
    //抛出异常的类型要在具体的情况下确定
    //如果程序代码中出现异常,那么程序将异常抛给方法的调用者来处理异常
}
```

throws 提供给我们一个推卸处理异常责任的方法:可以逐级抛出,直到抛给了 main 方法,如果 main 方法还不处理错误,那么就只能由虚拟机来处理了。

6.2.3 自定义异常

如果开发人员自己定义的类继承了异常类,那么这个类就是自定义异常类。

```
//因为继承了 Exception,所以这是一个自定义异常类
class MyException extends Exception {
    private String str;
    MyException(String s) {
        str = s;
    }
    String getstr( ) {
        return str;
    }
    void setstr(String s) {
        str = s;
    }
}
```

自定义异常类对象同系统提供的异常类对象一样可以抛出和捕获。

```
try {
    throw new MyException("抛出自定义异常 MyException!");
} catch (MyException e) {      //捕获自定义异常
    String ss = e.getstr( );      //调用自定义异常对象的方法
    System.out.printIn("我的异常信息是:" + ss);
}
```

执行结果为:

我的异常信息是:抛出自定义异常 MyException!

小　结

本章简单介绍了 Java 中异常处理机制和异常类的使用,便于读者了解并掌握怎么处理异常情况以及如何进行自定义异常操作。

本章知识体系

知识点	难度	重要性
异常处理机制	★	★★
try-catch-finally 语句块	★★★★	★★★★
自定义异常	★★★	★★★★

章节练习题

一、选择题

1. 无论是否发生异常,都需要执行(　　)。

A. try 语句块　　　　　B. catch 语句块　　　C. finally 语句块　　　D. return 语句块

2. 异常处理变量(　　)。

A. 应用 public 关键字　　　　　　　　　B. 可以应用 protected 关键字

C. 可以应用 private 关键字　　　　　　　D. 只能在异常处理方法内使用

3. 通常的异常类是(　　)。

A. Exception　　　　　B. exception　　　　　C. CommonException　　　D. ExceptionShare

4. 异常产生的原因有很多,常见的有(　　)。

A. 程序设计本身的错误　　　　　　　　　B. 程序运行环境改变

C. 软、硬件设置错误　　　　　　　　　　D. 以上都是

5. (　　)是除 0 异常。

A. RuntimeException　　　　　　　　　　B. ClassCastException

C. ArihmetticException　　　　　　　　　D. ArrayIndexOutOfBoundException

6. 下列描述中,对使用异常处理的原因描述错误的有(   )。

A. 将错误处理程序与正常程序流分开,增加程序的可读性

B. 可以容易地指出异常在何处处理

C. 减轻程序员处理异常的任务

D. 增加语言的复杂机制

7. 读下面代码,哪个选项是正确的? (   )

```java
import java.io.*;
public class Test2{
    public static void main(String []args)throws IOException{
    if(args[0] == "hello")
        throw new IOException();
    }
}
```

A. 没有错误,程序编译正确

B. 编译错误,不能在 main 方法中抛出异常

C. 编译错误,IOException 是一个系统异常,不能由 application 程序产生

D. 没有输出结果

8. 当变异并且运行下面程序时会出现什么结果? (   )

```java
public class ThrowsDemo{
static void throwMethod()    {
            System.out.print("Inside throwMethod");
            throw new IOException("demo");
}
public static void main(String [] args){
try{
    throwMethod();
    }catch(IOException e){
        System.out.println("Cauht" + e);
    }
}
}
```

A. 编译错误   B. 运行错误

C. 编译成功,但不会打印出任何结果   D. 没有输出结果

9. 执行下列程序的结果是什么? 其中 a = 4,b = 0。(   )

```java
public static void divide(int a,int b){
            try{    int  c = a / b;    }
            catch(Exception e){
            System.out.println("Exception");}
```

```
        finally{
                System. out. printIn("Finally");
    }}
```

A. 打印 Exception finally   B. 打印 Finally

C. 打印 Exception   D. 没有输出结果

10. 假定一个方法会产生非 RuntimeException 异常,如果希望把异常交给调用该方法的方法处理,正确的声明方式是什么?(   )

A. throw Exception   B. throws Exception

C. new Exception   D. 不需要指明什么

二、填空题

1. 异常也称_____,是在_____过程中发生的,会打断程序_____的事件。

2. 抛出异常的关键字是_____。

3. 异常语句有两种,分别是_____和_____。

4. 不论异常是否产生,_____语句总会执行_____。

5. 引入_____语句,当程序出现异常时,不会突然终止,继续执行的语句。

6. _____是公共的异常类,它适用于任何异常操作。

7. 使用_____来提醒类的使用者应该进行异常处理。

8. 如果 try 语句块中未产生异常,应用程序会忽略相应_____语句块。

9. 生成异常对象并把它们提交给运行时系统的过程称为_____一个异常。

10. 运行系统把该异常对象交给这个方法进行处理,这个过程称为_____一个异常。

三、判断题

1. 不能在 finally 块中执行 return,continue 等语句,否则会把异常"吃掉"。 ( )

2. Try 语句后面可以跟多个 catch 语句。 ( )

3. finally 语句必须执行。 ( )

4. throws 和 throw 功能一样。 ( )

5. try 语句后面必须跟 catch 语句。 ( )

6. try 语句后面只能跟一个 catch 语句。 ( )

7. 当代码出现异常时,才执行 try/catch/finally 语句的 finally 部分代码。 ( )

8. Try/catch 语句不可以进行嵌套操作。 ( )

9. 异常就是程序运行过程中遇到的严重错误,使程序运行中止,或者即使程序能够继续运行,但得出错误的结果甚至导致严重的后果。 ( )

10. 事实上,异常以及异常处理是非常简单的,所以程序员选择用异常而不选择自己处理错误。 ( )

7 | 输入输出流与文件处理

本章将对字节流、字符流、文件处理进行介绍,包括它们的用法等知识点,便于读者掌握这些 Java I/O 流的使用方法。

【学习目标】

- 了解流的概念,I/O 类体系;
- 掌握字节流、字符流、文件处理。

【能力目标】

能够理解流的概念,使用字节流、字符流进行文件的读写。

7.1　输入输出流概述

Java 语言定义了许多类专门负责各种方式的输入或者输出,这些类都被放在 java. io 包中。其中,所有输入流类都是抽象类 InputStream(字节输入流),或者抽象类 Reader(字符输入流)的子类;而所有输出流都是抽象类 OutputStream(字节输出流)或者 Writer(字符输出流)的子类。

7.2　字节流类

7.2.1　字节输入输出流

字节流类为处理字节式输入输出提供了丰富的环境。包括 InputStream(字节输入流)和 OutputStream(字节输出流)。

InputStream 是一个定义了 Java 字节流输入模式的抽象类。该类的所有方法在出错条件下都将引发一个 IOException 异常。其声明格式如下:

```
public abstract class InputStream extends Object implements Closeable
```

InputStream 类继承了 Object 类,实现了 Closeable 接口,该接口是 Java5. 0 新增的接口,定义了一个 close()方法,通过调用该方法,可以释放流所占用的资源。

InputStream 的方法描述,见表 7.1。

表 7.1　InputStream 的方法描述

返回值	方法名	方法描述
int	available( )	返回当前可读的输入字节数
void	close( )	关闭输入源。关闭之后的读取会产生 IOException 异常
void	mark(int readlimit)	在输入流的当前点放置一个标记。该流在读取 readlimit 个字节前都保持有效
boolean	markSupported( )	如果调用的流支持 mark( )/reset( )就返回 true
int	read( )	如果下一个字节可读则返回一个整型,遇到文件尾时返回 – 1
int	read(byte b[ ])	试图读取 b. length 个字节到 b 中,并返回实际成功读取的字节数。遇到文件尾时返回 – 1
int	read (byte b [ ], int offset, int len)	试图读取 len 字节到 b 中,从 offset 开始存放,返回实际读取的字节数。遇到文件尾返回 – 1
void	reset( )	重新设置输入指针到先前设置的标志处
long	skip(long n)	跳过 n 个输入字节,返回实际跳过的字节数

OutputStream 是定义了字节流输出模式的抽象类。该类的所有方法都返回一个 void 值,并且在出错情况下引发一个 IOException 异常。其声明格式如下:

```
public abstract class OutputStream extends Object implements Closeable,
Flushable
```

OutputStream 继承了 Object 方法,实现了 Closeable 和 Flushable 接口。Flushable 接口中定义了一个方法 flush( ),调用该方法会输出缓冲区中的数据。

OutputStream 的方法描述,见表 7.2。

表 7.2　OutputStream 的方法描述

返回值	方法名	方法描述
void	close( )	关闭输出流,关闭后的写操作会产生 IOException 异常
void	flush( )	刷新缓冲区
void	write(int b)	向输出流写入单个字节。注意参数是一个整型数,它允许不必把参数转换成字节型就可以调用 write( ),但是输出有效值为 b 的低 8 位,高 24 位被舍弃
void	write(byte b[ ])	向一个输出流写一个完整的字节数组
void	write (byte b [ ], int offset, int len)	输出数组 b,以 b[offset]为起点的 len 个字节区域内的内容

7.2.2　文件字节输入输出流

假如一个文件 D:\\JAVA\\Java File\\FileDemo. class,怎样才能将它里面的内容复制到另一个文本文件中?

我们可以采用文件数据流类 FileInputStream(字节输入流)和 FileOutputStream(字节输出流),用于进行文件的输入输出处理,其数据源和接收器都是文件。

下列文件 FileDemo. java 是对文件的复制程序,代码如下:

```
int size;
FileInputStream f = new FileInputStream("D:\\JAVA\\Java File\\FileDemo.class");
FileOutputStream fout = new FileOutputStream("copy-of-file.txt");
System.out.println("总字节数:" + (size = f.available()));
int n = size/30;
System.out.printIn("通过 read 方法第一次读取了" + n + "个字节数据");
for(int i = 0; i < n; i++){
    fout.write(f.read());
}
System.out.printIn("还剩下字节数: " + f.available());
System.out.printIn("下一次仍然读取" + n + "个字节");
byte b[] = new byte[n];
if(f.read(b) ! = n){
    System.out.printIn("不能读取 " + n + "个字节");
}
fout.write(b);
System.out.printIn("还剩下字节数:" + f.available());
System.out.printIn("使用 read(b[],offset,len)方法读取其余字节");
int count = 0;
while((count = f.read(b, 0, n)) ! = -1){
    fout.write(b,0,count);
}
System.out.printIn("还剩下字节数:" + f.available());
  f.close();
  fout.flush();
  fout.close();
```

运行结果为:

总字节数:2465

通过 read 方法第一次读取了 82 个字节数据

还剩下字节数:2383

下一次仍然读取 82 个字节

还剩下字节数:2301

使用 read(b[],offset,len)方法读取其余字节

还剩下字节数:0

在 D 盘中,用 txt 文件浏览器打开 copy-of-file. txt 文件,可以看到里面是 FileDemo. class 的内容。

代码的主要执行过程是:先定义一个 FileDemo. class 的文件输入流 f,一个 copy-of-file. txt 文件的文件输出流,然后依次把 FileDemo. class 文件中读入的数据流写入 copy-of-file. txt 文件中。

InputStream 和 OutputStream 都是抽象类,不能实例化,因此,在实际应用中都使用的是它们的子类,这些子类在实现其超类方法的同时又定义了特有的功能,用于不同的场合。文件数据流类 FileInputStream(字节输入流)和 FileOutputStream(字节输出流),用于进行文件的输入输出处理,其数据源和接收器都是文件。

FileInputStream 用于顺序访问本地文件,从父类继承 read,close 等方法,对文件进行操作,不支持 mark 方法 和 reset 方法。它的两个常用的构造函数如下:

```
FileInputStream(String filePath);
FileInputStream(File fileObj);
```

它们都能引发 FileNotFoundException 异常。这里,filePath 是文件的全称路径,fileObj 是描述该文件的 File 对象。可以用下列代码构造文件输入流:

```
FileInputStream f1 = new FileInputStream("Test.java");
File f = new File("Test.java");
FileInputStream f2 = new FileInputStream(f);
```

FileInputStream 重写了抽象类 InputStream 的读取数据的方法:

```
public int read() throws IOException
public int read(byte[] b) throws IOException
public int read(byte[] b, int off, int len) throws IOException
```

这些方法在读取数据时,输入流结束则返回 −1。

FileOutputStream 用于向一个文本文件写数据。它从超类中继承 write,close 等方法。常用的构造函数如下:

```
FileOutputStream(String filePath);
FileOutputStream(File fileObj);
FileOutputStream(String filePath, boolean append);
FileOutputStream(File fileObj, boolean append);
```

它们可以引发 IOException 或 SecurityException 异常。这里 filePath 是文件的全称路径,fileObj 是描述该文件的 File 对象。如果 append 为 true,则文件以追加的方式打开,不覆盖已有文件的内容;如果 append 为 false,则覆盖原文的内容。

FileOutputStream 的创建不依赖于文件是否存在。如果 filePath 表示的文件不存在,则 FileOutputStream 在打开之前创建它;如果文件已经存在,则打开它,准备写。若试图打开一个只读文件,会引发一个 IOException 异常。

FileOutputStream 重写了抽象类 OutputStream 的写数据方法:

```
public void write(byte[] b) throws IOException
public void write(byte[] b,int off, int len) throws IOException
public void write(int b) throws IOException
```

b 是 int 类型时,占用 4 个字节,只有最低的一个字节被写入输出流,可忽略其余字节。

7.2.3 过滤输入输出流

过滤流在读/写数据的同时可以对数据进行处理,它提供了同步机制,使得在某一时刻只有一个线程可以访问 I/O 流,以防止多个线程同时对一个 I/O 流进行操作所带来的意想不到的结果。这些过滤字节流是 FilterInputStream 和 FilterOutputStream。它们的构造函数如下:

```
FilterOutputStream(OutputStream os);
FilterInputStream(InputStream is);
```

为了使用一个过滤流,必须先把过滤流连接到某个输入输出流,过滤在构造方法的参数中指定所要连接的输入输出流来实现。

过滤流扩展了输入输出流的功能,典型的扩展是缓冲,字符字节转换和数据转换。为了提高数据的传输效率,为一个流配备缓冲区(Buffer),称为缓冲流。

当向缓冲流写入数据时,系统将数据发送到缓冲区,而不是直接发送到外部设备,缓冲区自动记录数据。当缓冲区满时,系统将数据全部发送到设备。

当从一个缓冲流中读取数据时,系统实际是从缓冲区中读取数据的。当缓冲区空时,系统会自动从相关设备读取数据,并读取尽可能多的数据充满缓冲区。因为有缓冲区可用,缓冲流支持跳过(skip)、标记(mark)和重新设置(reset)等方法。

常用的缓冲输入流有 BufferedInputStream,DataInputStream,PushbackInputStream。常用的缓冲输出流有 BufferedOutputStream,DataOutputStream, PrintStream。

缓冲输入输出是一个非常普通的性能优化。Java 的 BufferedInputStream 类允许将任何 InputStream 类"包装"成缓冲流并使其性能提高。

BufferedInputStream 有两个构造函数:

```
BufferedInputStream(InputStream inputStream);
BufferedInputStream(InputStream inputStream, int bufSize);
```

第一种形式,生成了一个默认缓冲区长度的缓冲流。第二种形式,缓冲区大小是由 buf-Size 参数传入的。使用内存页或磁盘块等的若干倍的缓冲区大小可以给执行性能带来很大的正面影响。但这是依赖于执行情况的。最理想的缓冲长度一般与主机操作系统,可用内存空间及机器配置有关。合理利用缓冲不需要特别复杂的操作,一般缓冲大小为 8 192 字节。用这样的方法,低级系统可以从磁盘或网络读取数据块并在缓冲区中存储结果。Buff-eredInputStream. markSupported( ) 返回 true。BufferedInputStream 支持 mark( )和 reset( )方法。

BufferdOutputStream 用一个 flush( )方法来保证数据缓冲区被写入实际的输出设备。因为 BufferedOutputStream 是通过减小系统写数据的时间而提高性能的,可以调用 flush( )方法输出缓冲区中待写的数据。

下面是两个可用的构造函数:

```
BufferedOutputStream(OutputStream outputStream)
BufferedOutputStream(OutputStream outputStream, int bufSize);
```

第一种形式,创建了一个使用 512 字节缓冲区的缓冲流。第二种形式,缓冲区的大小由 bufSize 参数传入。

7.3　字符流类

7.3.1　字符输入输出流

如果要实现向文件中写入字符串、写入中文、写入数字等,该怎样实现呢? 下面是代码的实现:

```
String filePath = "D:\\test2.txt";
FileWriter fw = new FileWriter(filePath);
String str ="中华人民共和国";
int type = 103658;
char ch = 'A';
fw.write(str);
fw.write('\n');
fw.write(type +"");      //若直接用 type 作为参数,写入的是 type 按 ASCII 码对应的字符
fw.write('\n');      //换行符也可以直接写入
fw.write(ch);       //字符可以直接写入
fw.flush();
fw.close();
```

程序运行后在 D 盘中会有一个 test2.txt,文件中的内容如下:

中华人民共和国

103658

A

代码的执行流程:先构造一个 FileWriter 对象 fw,然后使用 fw 的 write 方法依次写入"中华人民共和国""103658""A"到 test2.txt 文件中。

在向文件中写入字符串、写入中文、写入数字时,注意 Reader 和 Writer 是用来对字符进行写入的,如果直接将 int 型数据作为参数的话,是不会写入数字的,而是现将数字按照 ASCII 码表转换为相应的字符,然后再写入。要想实现数字和中文的写入,必须要用 String 为参数的 Write。

Reader 是字符输入流的抽象基类,它定义了以下几个函数,见表 7.3。

表 7.3　Reader 定义的函数

返回值	方法名	方法描述
int	read( )	读取单个字符,返回 int,到达流的末尾时,返回 -1
int	read(char[ ] c)	c[ ]是 char 数组用于储存读到的字符,返回结果是读取的字符数,到达流的末尾时,返回 -1
void	close ( )	关闭流,释放占用的系统资源

Writer 是字符输出流的抽象基类,它定义了以下几个函数,见表7.4.

表 7.4　Writer 定义的函数

返回值	方法名	方法描述
void	write(char[ ] c)	往输出流写入一个字符数组
void	write(int c)	往输出流写入一个字符
void	write(String str)	往输出流写入一串字符串
void	write(String str, int off, int len)	往输出流写入字符串的一部分
void	close( )	关闭流,释放资源
void	flush( )	刷新输出流,将数据写入输出流中

7.3.2　文件字符输入输出流

FileReader 便于从文件中读出字符的类,默认编码和默认缓冲区大小假设是可以接受的。如果要改变默认编码和默认缓冲区大小可用 FileInputStream 来构造、用 InputStream-Reader 来实现。FileReader 意味着是用来读字符的流,要实现读取字节流,请考虑使用FileInputStream。构造函数有:

①FileReader(File file):用 File 对象来构造 FileReader。

②FileReader(FileDescriptor fd):用文件描述符构造 FileReader。

③FileReader(String fileName):用文件的路径名来构造 FileReader。

主要的函数大多集成于 Reader 类。其他主要的函数有:

public String getEncoding( ):返回这个流使用的编码方式。

下列 FileTest. java 文件是针对 FileReader 功能的测试代码:

```
String filePath = "D:\\test2.txt";   //文件路径
FileReader fd = new FileReader(filePath);    //构造 FileReader
char[] chs = new char[1024];
while(fd.read(chs) ! = -1){   //每次读1024 个字符
    System.out.print(chs);
}
```

程序运行结果如下:

中华人民共和国,daduca1266d8523189588

103658

A

7.3.3　字符缓冲流

BufferedReader 和 BufferedWriter 是带缓冲区的处理流,缓冲区的作用主要目的是:避免频繁读取硬盘,提高效率。BufferedReader 和 BufferedWriter 类各拥有 8 192 个字符的缓冲区。当 BufferedReader 在读取文本文件时,会先尽量从文件中读入字符数据并放满缓冲区,而之后若使用 read() 方法,会先从缓冲区中进行读取。如果缓冲区数据不足,才会再从文件中读取,使用 BufferedWriter 时,写入的数据并不会先输出到目的地,而是先存储至缓冲区中。如果缓冲区中的数据满了,才会一次对目的地进行写出。

BufferedReader 是提供读的效率而设计的一个包装类,它可以包装字符流,可以从字符输入流中读取文本,缓冲各个字符,从而实现字符、数组和行的高效读取。具体方法描述见表 7.5。

表 7.5　BufferedReader 的具体方法描述

返回值	方法名	方法描述
int	read()	读取单个字符,返回 int,到达流的末尾时,返回 −1
int	read(char[] c, int off, int len)	c[]是 char 数组用于储存读到的字符,off 是指从 c[]第几位开始储存而不是指从读文件第几个字符开始读,len 指每次读多少位
String	readLine()	读取一个文本行
long	skip(long n)	跳过 n 个字符
boolean	ready()	判断此流是否已准备好被读取
void	close()	关闭该流并释放与之关联的所有资源
void	mark(int readAheadLimit)	标记流中的当前位置
boolean	markSupported()	判断此流是否支持 mark() 操作
void	reset()	将流重置到最新的标记

BufferedWriter 的具体方法描述见表 7.6。

表 7.6　BufferedWriter 的具体方法描述

返回值	方法名	方法描述
void	write(int c)	写入单个字符
void	write(char[] c, int off, int len)	c[]是 char 数组用于储存写入的字符,off 是指从 c[]第几位开始写,len 指每次写多少位
void	write(String s, int off, int len)	写入字符串的某一部分
void	newLine()	写入一个行分隔符
void	close()	关闭此流,但要先刷新该流
void	flush()	刷新该流的缓冲

7.4 文件处理

7.4.1 File 类

File 类具有一系列对文件操作的方法和属性，继承自 Object 并实现 Serializable 接口。一个 File 类实例代表一个磁盘上的文件或目录。

File 类具有以下几种构造函数：

①从一个父抽象文件路径和一个子抽象文件路径构造一个新的 File 实例。

File(File parent, String child)

②通过转换给定的父路径名到一个抽象文件路径来构造一个新的 File 实例。

File(String parentname)

③通过一个父文件名和一个子文件名构造一个新的 File 实例。

File(String parent, String child)

④通过给定一个 URI 表达式来构造一个新的 File 实例。

File(URI uri)

通过以上4种不同的方式构造的新 File 实例，在取得实例后通过 createNewFile( ) 方法以创建一个新文件，parent 指定父目录可以是变量名也可以是字符串，注意所用路径必须存在，如果路径不存在不会新建。

7.4.2 文件上传和下载

使用 File 类进行文件上传和下载，最简单的操作只需要2个参数即可，一个是要上传的文件对象，一个是文件名。对于 Java 程序来说，不可能像在 Windows 系统中那样使用复制和粘贴的方式来上传文件，而是将文件分解为流的形式，再到指定位置将文件还原，也就是操作时使用 FileInputStream 来读取文件流，使用 FileOutputStream 来输出文件流，以下为上传的代码：

```
public void fileUpload(File file,String fileName){
    //上传路径,可以指定,也可以传递
    String filePath = "d:\\upload";
    File newFile = new File(filePath);
    if(! newFile.exists()){        //判断文件夹是否存在,不存在就创建目录
        newFile.mkdir();
    }
    try {
        //fileName 包含文件名及其后缀
        FileOutputStream fos = new FileOutputStream(filePath +"\\"+ fileName);
        //创建输入流-来自要上传的源文件
        FileInputStream fis = new FileInputStream(file);
        byte[] temp = new byte[1024];
```

```
    int len = fis.read(temp);
    while(len ! = -1){
        fos.write(temp,0,len);
        len = fis.read(temp);
    }
    fis.close();
    fos.close();
} catch (FileNotFoundException e) {
    e.printStackTrace();
} catch (IOException e) {
    e.printStackTrace();
}
}
```

代码说明:在该代码中,上传路径的定义没有直接使用"d:\upload",而是使用"d:\\up-load",其原因是字符"\"在 Java 中是转义字符,必须使用"\\"才能让程序正确的识别为斜杠。

在上传文件前,最好用 File 类的 exists( )方法判断所指定的上传路径是否存在,若不存在就用 mkdir( )方法创建一个。本实例程序中的 file 是直接通过参数传递的,也可以使用 new File 的方式直接获取,获取方式和新建 file 对象一致,例如:

```
File oldFile = new File("d:\\test \\test.txt")
```

这个代码的意思就是从 D 盘下的 test 文件夹中读取一个名为 test. txt 的文本文件,用这种方式获取文件必须确保该文件存在,否则会抛出 FileNotFoundException 的异常。

当能够正确读取文件后,就使用 FileInputStream 的 read 方法来读取,在上面的代码中,每次读取 1 024 个字节(当然也可以更高)的数据并使用 FileOutputStream 的 write 方法写入新的文件夹中,直到 read 方法返回 -1 即表示文件读取结束,此时就结束循环,并依次关闭输入输出流即可。

文件的上传和下载在流程上没有太大的区别,一般情况下,只要把文件路径作成超链接的形式,只要这个文件确实在服务器上存在,那么通过浏览器可以直接实现下载功能;如果要使用代码下载,则和上传一样,指定对应的路径并确保其存在即可。

小　结

本章简单介绍了 Java 中输入输出流的概念和字符流的操作,并对文件上传和下载作了简单介绍。

本章知识体系

知识点	难度	重要性
输入输出流	★	★★
字节流操作	★★★★	★★★★

续表

知识点	难度	重要性
文件处理方式	★★★	★★★★
文件上传下载	★★	★★★

章节练习题

1. 解释字节流、字符流和文件流的含义。

2. 建立一个文本文件,输入英文短文。编写一个程序,统计该文件中英文字母的个数,并将结果写入一个文本文件。

8 | 多线程

本章将对线程的创建、线程的状态、运行机制和通信方式进行讲解。

【学习目标】

- 了解多线程概念和运行机制;
- 能够区分 Thread 和 Runnable 两种方法创建线程的差异;
- 掌握线程的同步与互斥;
- 熟悉线程之间的通信。

【能力目标】

能够使用线程的创建、了解线程的执行过程、线程的启动方法和线程的同步方法。

8.1 创建线程

8.1.1 继承 Thread 类创建线程

Java 语言内建了对多线程开发的支持,每个线程都是一个 java. lang. Thread 类的实例。因此,要创建一个线程实例,只需定义一个继承于 Thread 类的子类即可。例如,下面的代码就创建了一个银行的职员类,实例代码如下:

```
public class Clerk extends Thread
    public Clerk ( string name ){
        super ( name )
    }

    public void run(){
        super. Run();
        //添加具体的工作代码
    }
}
```

①在该代码中,Clerk 类继承了父类 Thread,表明了它是一个线程类。

②基于 Java 单继承的特点,利用这种方法定义的类不能再继承其他父类,因此,也就有了另一种创建线程的方法。

③构造方法中的 String 类型的参数是作为线程的名字,每个线程都有一个名字,如果没

有指定的话,运行时环境会为它指定一个默认的名字 Thread-X,X 表示生成的序号,从 0 开始,其他构造方法见表8.1。

表8.1　其他构造方法

构造方法	说　明
Thread( )	创建一个线程实例
Thread(Runnable target)	target 是线程 run 执行的目标体
Thread(Runnable target,String name)	指定了线程实例的名称
Thread(String name)	创建指定名称的线程实例
Thread(ThreadGroup group,Runnable target)	线程实例作为线程组 group 的一员
Thread (ThreadGroup group, Runnable target, String name)	创建指定名称的线程实例,并作为 group 引用的线程组的一员

④每个线程类都需要覆盖从父类 Thread 继承的 run 方法,当线程工作时,会去执行该方法中的语句,一旦执行完该方法,线程任务也就结束了。

8.1.2　实现 Runnable 接口创建线程

由于在应用程序中,往往有自己的继承体系,因此,让类似 clerk 的类必须继承 Thread 就有一定的困难,因为 Clerk 可能必须继承于一个业务体系中的某个类,如 Employee 类,这样,基于 Java 单继承的限制,就无法使得 clerk 成为一个线程类,因此 Java 提供了另一种方法来创建线程类。这种方法是一个类声明实现 Runnable 的接口,使自己成为一个线程的目标对象。实例代码如下:

```
public class Clerk implements Runnable{
    public void run(){
        //添加具体的工作代码
    }
}
```

①接口 Runnable 中只定义了一个 run 方法,定义了当目标线程执行时必须执行的代码。
②Thread 类同样实现了 Runnable 接口。
③如果在 run 方法运行时,需要获得当前执行线程的信息,可以使用 Thread 的类方法 currentThread 获得。

有了这个实现 Runnable 接口的目标体,就可以利用 Thread 的构造方法创建该目标体的线程实例。实例代码如下:

```
Thread clerk = new Thread (new Clerk());
```

与通过 Thread 类派生子类的方法相比,利用实现 Runnable 接口定义线程类在使用中更加灵活。这时,实现接口 Runnable 的类仍然可以继承其他父类。如果只想重写 run 方法,而不是重写其他 Thread 方法,那么应使用 Runnable 接口。这很重要,因为除非程序员打算修改或增强类的基本行为,否则不应使自己的类继承于 Thread 类。

8.1.3 线程状态和线程控制

线程控制的基本方法:

①isAlive():判断线程是否还活着, start 之后,终止之前都是活的;

②getPriority():获得线程的优先级数值;

③setPriority():设置线程的优先级数值(线程设有优先级别的);

④Thread. sleep():将当前线程睡眠指定毫秒数;

⑤join():调用某线程的该方法,将当前线程与该线程合并,也即等待该线程结束后,再恢复当前线程的运行状态(如在线程 B 中调用线程 A 的 join()方法,直到线程 A 执行完毕后,才会继续执行线程 B);

⑥yield():当前线程让出 CPU,进入就绪状态,等待 CPU 的再次调度;

⑦wait():当前线程进入对象的 wait pool;

⑧notify()/notifyAll():唤醒对象的 wait pool 中的一个/所有的等待线程。

以上是线程中的常用方法的简单描述,下面将对其中的几个比较常用的方法进行实例讲解。

(1)Thread. sleep(……);

下列例子中,TestThread 类主线程里建立了一个主线程 MyThread,并让 MyThread 运行起来。接着让主线程睡眠 8 s 后打断运行的 MyThread 子线程。

```
MyThread thread = new My Thread();
thread.start();
try{    //在哪个线程中调用 Sleep,就让哪个线程睡眠
    System.out.println("测试线程开始:" + newDate());
    Thread.sleep(8000);     //主线程睡 8 s 后,打断子线程
    System.out.println("测试线程结束:" + newDate());
} catch(InterruptedException e){}
thread.interrupt();     //打断子线程
```

以下为子线程执行代码:

```
classMyThread extends Thread{
    public void run(){
        while(true){
            System.out.println("时间点:" + newDate());
            try{
                sleep(1000);     //每隔一秒打印一次日期
            } catch(InterruptedException e){
                return;
            }
        }
    }
}
```

运行结果为：

测试线程开始：Tue May 09 11:09:43 CST 2019

时间点：Tue May 09 11:09:43 CST 2019

时间点：Tue May 09 11:09:44 CST 2019

时间点：Tue May 09 11:09:45 CST 2019

时间点：Tue May 09 11:09:46 CST 2019

时间点：Tue May 09 11:09:47 CST 2019

时间点：Tue May 09 11:09:48 CST 2019

时间点：Tue May 09 11:09:49 CST 2019

时间点：Tue May 09 11:09:50 CST 2019

测试线程结束：Tue May 09 11:09:50 CST 2019

可以从运行结果看出子线程每隔一秒打印系统日期，当主线程睡眠8 s后，打断了子线程的运行，则子线程结束，同时不再打印系统日期。

（2）join（）方法的使用

合并某个线程，相当于方法的调用。在 TestThread 类的主线程中新建一个子线程 myThread，然后启动线程，接着让 myThread 调用 join 方法。

```
MyThread myThread = new MyThread("子线程");
myThread.start();
try{
    myThread.join();
        } catch(InterruptedException e) {
            e.printStackTrace();
        }
        for(inti = 1; i <= 4; i ++){
            System.out.println("我是主线程");
        }
```

以下为子线程执行代码：

```
class MyThread extends Thread {
    public MyThread(String name) {
        super(name);
    }
    public void run() {
        for(inti = 1; i <= 4; i ++){
            System.out.printIn("我是" + getName());
            try{
                sleep(1000);
            } catch(InterruptedException e) {
                return;
```

```
            }
        }
    }
}
```

运行结果为：

我是子线程
我是子线程
我是子线程
我是子线程
我是主线程
我是主线程
我是主线程
我是主线程

由上面程序运行的结果可知，当主线程调用子线程的 join 方法后，就必须等子线程执行完成后，主线程才会继续执行剩下的程序。

8.2 线程间的同步机制

Java 允许多线程并发控制，当多个线程同时操作一个可共享的资源变量时（如数据的增、删、改、查），将会导致数据不准确，相互之间产生冲突，因此加入同步锁以避免在该线程没有完成操作前，被其他线程调用，从而保证该变量的唯一性和准确性。

8.2.1 多线程引发的问题

多线程并发执行并且这些线程共享数据时，会引起数据的不一致，从而难以保证程序的正确性。下面以银行取款为例，演示多线程共享数据容易引发的一些问题。

```java
Bank bank = new Bank("0001",2000);
//实例化并启动两个线程对象
for(int i = 0;i < 2;i ++)
    new Operation(i + "#",bank,1200).start();
}
/*线程内部类,实现了同步存取款操作 */
class Operation extends Thread{
    Bank bank;  //银行账号
    double mount;  //操作金额
    public Operation(String name){
        super(name);
    }
```

```java
public Operation(String name,Bank bank,double mount){
    super(name);
    this.bank = bank;
    this.mount = mount;
}
public void run(){
    //取款操作
    bank.withdrawal(mount);}
}
/***银行账号内部类*/
class Bank{
    private double balance;      //余额
    private String account;      //账号
    public Bank(){}}
    public Bank(String a,double b){
        setAccount(a);
        balance = b;
    }
    ……省略的 get、set 代码……
    /**
     *存钱
     *@ param dAmount 存款金额
     */
    public void deposite(double dAmount){
        this.setBalance(this.getBalance() + dAmount);
        System.out.println("存款" + dAmount +"元,当前余额为:" + this.
        getBalance() +"元。");
    }
    /**
     *取款
     *@ param dAmount 取款金额
     */
    public void withdrawal(double dAmount){
        if(this.getBalance() >= dAmount){
            System.out.println(Thread.currentThread().getName() + "取款成
功! 吐出钞票:" + dAmount +"元")；
            this.setBalance(this.getBalance() - dAmount);
            System.out.println("当前余额为:" + this.getBalance() +"元。")；
        }else{
            System.out.println("余额不足")；
        }
```

```
      }
   }
}
```

运行结果为：

1#取款成功！吐出钞票：1200.0 元

当前余额为：800.0 元。

0#取款成功！吐出钞票：1200.0 元

当前余额为：-400.0 元。

在本例中定义了 3 个类：Bank，Operation 和 BankOperation。其中，Bank 类是定义银行账号的，在 Bank 类中定义了构造方法、setter 和 getter 方法以及存钱和取钱方法；Operation 类是线程类，在线程体中主要实现了取钱操作；BankOperation 是主类，在其 main( ) 方法中实例化了两个线程对象并启动了它们。

从本例的运行结果可以看出，明显不符合银行的实际情况，一般的银行账号是不允许透支的(信用卡除外)。从一个银行账号(余额为 2000 元)连续取钱 2 次，每次均取款 1200 元，正常情况下应该是当进行第 2 次取款操作时，系统应判定余额不足，然后拒绝取款操作。然而运行结果并非如此，此问题的根源是并发的线程不同步造成的。这种问题非常多，如栈的出栈和进栈操作等。应怎样解决这类问题呢？Java 提供了线程的同步机制可以解决此类问题。

8.2.2　线程的同步

由于同一进程的多个线程共享存储空间，在带来方便的同时，也带来了访问冲突的问题。例如，在前一个例子中，两个线程对象同时访问共享变量 balance，造成了最终结果不符合实际要求的情况。产生这种问题的原因是对共享资源访问的不完整。为了解决这种问题，需要寻找一种机制来保证对共享数据操作的完整性，这种完整性称为共享数据操作的同步，共享数据叫作条件变量。

在 Java 中，引入了"对象互斥锁"的概念(又称为监视器)来实现不同线程对共享数据操作的同步。"对象互斥锁"不允许多个线程对象同时访问同一个条件变量，实质上，是把多个线程对象并行的访问共享数据改为串行的访问数据，即同一时刻最多只有一个线程对象访问共享数据。

由于可以通过 private 关键字修饰变量，从而保证数据对象只能被方法访问，所以只需针对方法提出一套机制，这套机制就是 synchronized 关键字，它包括两种用法：synchronized 修饰方法和 synchronized 修饰程序块。

1) synchronized 修饰方法

通过在方法声明中加入 synchronized 关键字来声明 synchronized 方法，以前一个例子中的 withdrawal( ) 方法为例，使用 synchronized 的语法格式如下：

public synchronized void withdrawal(double dAmount)

〔方法体〕

synchronized 方法控制对类成员变量的访问：每个类实例对应一把锁,类实例需获得调用 synchronized 方法的锁方能执行该方法,否则所属线程阻塞；该方法一旦执行,就独占该锁,直到从该方法返回时才将锁释放,此后被阻塞的线程方能获得该锁,重新进入可执行状态。这种机制确保了同一时刻对于每一个类实例,其所有声明为 synchronized 的方法中至多只有一个处于可执行状态(因为至多只有一个能够获得该类实例对应的锁),从而有效避免了类成员变量的访问冲突。下面对前一例中的 Bank 内部类改进后如下：

```java
class Bank{
    private double balance;      //余额
    private String account;      //账号
    public Bank(){}
    public Bank(String a,double b){
        setAccount(a);
        balance = b;
    }
    /**
     * 获取余额
     * @ return balance
     */
    public synchronized double getBalance(){
        return balance;
    }
    public synchronized void setBalance(double b){
        this.balance = b;
    }
    public void setAccount(String account){
        this.account = account;
    }
    public String getAccount(){
        return account;
    }
    /**
     * 存钱
     * @ param dAmount 存款金额
     */
    public synchronized void deposite(double dAmount){
        this.setBalance(this.getBalance() + dAmount);
        System.out.println("存款" + dAmount + "元,当前余额为:" + this.
            getBalance() + "元。");
    }
    /**
```

```
    * 取款
    * @ param dAmount 取款金额
    * /
  public synchronized void withdrawal(double dAmount){
    if(this.getBalance( ) >= dAmount){
        System.out.println(Thread.currentThread( ).getName( ) + "取款成功!
吐出钞票:" + dAmount + "元");
        this.setBalance(this.getBalance( ), - dAmount);
        System.out.println("当前余额为:" + this.getBalance( ). + "元。");
    }else{
        System.out.println("余额不足");
    }
  }
}
```

改进后的程序运行结果为:

0#取款成功! 吐出钞票:1200.0 元
当前余额为:800.0 元。
余额不足

synchronized 方法的缺陷是若声明为 synchronized 的方法,其方法体较为庞大,将会大大影响效率。例如,将线程类的 run( )方法声明为 synchronized,由于在线程的整个生命期内它一直在运行,因此将导致它对本类任何 synchronized 方法的调用都永远不会成功。当然可以通过将访问类成员变量的代码放到专门的方法中,将其声明为 synchronized,并在主方法中调用来解决这一问题,但是 Java 为我们提供了更好的解决办法:使用 synchronized 修饰程序块。

2)synchronized 修饰程序块

通过 synchronized 关键字来声明 synchronized 程序块。语法格式如下:
```
synchronized( syncObject){
    //允许访问控制的代码
}
```
同步程序块必须获得对象的锁后方能执行,具体机制同前所述。由于可以针对任意代码块,且可任意指定上锁的对象,故灵活性较高。

下面是对银行类的修改,由原来 synchronized 修饰的方法改为修饰程序块,具体如下:
```
/**
  * 银行账号内部类
  * /
class Banks {
    //余额
```

```java
    private double balance;
    //账号
    private String account;
    public Banks( ) {
    }
    public Banks(String a, double b) {
        this.account = a;
        this.balance = b;
    }
    public double getBalance( ) {
        return balance;
    }
    public void setBalance(double b) {
        this.balance = b;
    }
    public void setAccount(String account) {
        this.account = account;
    }
    public String getAccount( ) {
        return account;
    }
    /**
     * 存钱
     * @ param dAmount 存款金额
     */
    public void depostte(double dAmount) {
        this.setBalance(this.getBalance( ) + dAmount);
        System.out.println("存款" + dAmount + "元,当前余额为:" + this.get-
Balance( ) + "元。");
    }
}
/**
 * 线程类,实现了同步存取款操作
 */
class Operations extends Thread {
    //银行账号
    Banks bank;
    //操作金额
    double mount;
    public Operations(String name) {
```

```
            super(name);
        }
        public Operations(String name, Banks bank, double mount) {
            super(name);
            this.bank = bank;
            this.mount = mount;
        }
        public void run() {
            //取款操作
            synchronized (bank) {
                if (bank.getBalance() >= mount) {
                    System.out.println(Thread.currentThread().getName() + "取款成
功! 吐出钞票:" + mount + "元");
                    bank.setBalance(bank.getBalance() - mount);
                    System.out.println("当前余额为:" + bank.getBalance() + "元");
                } else {
                    System.out.println("余额不足");
                }
            }
        }
    }
public class SynchronizedBlockDemo {
    public static void main(String[] args) {
        Banks bank = new Banks("0001", 2000);
        //实例化并启动两个线程对象
        for (int i = 0; i < 2; i++) {
            new Operations(i + "#", bank, 1200).start();
        }
    }
}
```

本例修改了 Banks 类,在 run( )方法中使用 synchronized 对实现取款操作的程序块进行了同步操作,特别是对共享变量 bank 进行控制,任何线程对象必须获得 bank 变量的锁方能访问被同步的程序块,从而实现了多个线程对象安全地访问共享数据。

8.2.3 线程的通信

除了要处理多线程间共享数据操作的同步问题之外,在进行多线程程序设计时,还会遇到另一类问题,这就是如何控制相互交互的线程之间的运行进度,即多线程的同步。为了解决所出现的问题,在 Java 中可以用 wait( ) 和 notify( )/notifyAll( ) 方法来协调线程间的运行进度(读取)关系,使多个线程对象协作完成某项工作。其中,wait( )方法的作用是当前线程释放其所持有的"对象互斥锁",进入等待状态;而 notify( )/notifyAll( ) 方法的作用是唤醒一个或所有正在等待队列中处于等待状态的线程,并将它(们)移入等待同一个。"对象互斥锁"的队列。需要指出的是 notify( )/notifyAll( )方法和 wait( )方法都只能在被声明为 synchronized 的方法或代码段中调用。

线程间的通信可以使用两种方式:通过访问共享变量的方式和使用管道流方式。下面将具体介绍两种方式如何实现线程间的通信。

1)使用共享变量实现线程间的通信

仍以前面的银行存款、取款操作为例,假如存款人向银行账号中存款后,通知取款人可以进行取款操作;而当取款人从银行账号中取款后,账号中没有存款时就需要通知存款人要向银行账号中存款。下面的例子中设置了一个布尔型的中间共享变量 haveMoney,当 haveMoney 为 true 时,表明该账号中有钱;当 haveMoney 为 false 时,表明该账号中无钱可取。下面是 ThreadDemo. java 文件中的代码。

```java
/**
 * 银行账号类
 */
class MyBank {
    private double balance;      //余额
    private String account;      //账号
    private boolean haveMoney = false; //是否有钱的标志值,初始为 false

    public MyBank() {
    }
    public MyBank(String a, double b) {
        this.account = a;
        this.balance = b;
    }
    public double getBalance() {
        return balance;
    }
    public void setBalance(double b) {
        this.balance = b;
    }
    public void setAccount(String account) {
        this.account = account;
    }
    public String getAccount() {
        return account;
    }
    /**
     * 存钱
     * @ param dAmount 存款金额
```

```
 * @ throws InterruptedException
 */
public synchronized void deposite(double dAmount) throws InterruptedEx-
ception {
     //如果账号中有钱:暂停本线程
   if (haveMoney) {
     wait();
   } else {
     this.setBalance(this.getBalance() + dAmount);
      System.out.printIn(Thread.currentThread().getName() + "存款" +
dAmount + "元,当前余额为:" + this.getBalance() + "元。");
     haveMoney = true;
     notifyAll();
   }
 }
 /**
  * 取款
  *
  * @ param dAmount 取款金额
  * @ throws InterruptedException
  */
 public synchronized void withdrawal(double dAmount) throws InterruptedEx-
ception {
     //如果 money 为 false,即银行账号中有钱,暂停本线程
     if (! haveMoney) {
        wait();
     } else {
        if (this.getBalance() >= dAmount) {
           System.out.print(Thread.currentThread().getName() + "取款成
功! 吐出钞票:" + dAmount + "元。");
           this.setBalance(this.getBalance() - dAmount);
           System.out.printIn("当前余额为:" + this.getBalance() + "元。");
           haveMoney = false;
              notifyAll();
           } else {
              System.out.printIn("余额不足");
           }
        }
     }
 }
 /**
 *取款线程类,在本线程中实现 100 次存取款操作
```

```
*/
class WithdrawalThread extends Thread {
    MyBank bank;
    double mount;
    public WithdrawalThread(String name, MyBank bank, double amount) {
        super(name);
        this.bank = bank;
        this.mount = amount;
    }
    public void run() {
        for (int i = 0; i < 100; i ++) {
            try {
                bank.withdrawal(mount);
            } catch (InterruptedException e) {
                e.printStackTrace();
            }
        }
    }
}
/**
 * 存款线程类,在本线程中实现100次存款操作
 */
class DepositeThread extends Thread {
    MyBank bank;
    double mount;

    public DepositeThread(String name, MyBank bank, double dAmount) {
        super(name);
        this.bank = bank;
        this.mount = dAmount;
    }
    public void run() {
        for (int i = 0; i <100; i ++) {
            try {
                bank.deposite(mount);
            } catch (InterruptedException e) {
                e.printStackTrace();
            }
        }
    }
}
```

```
/**
 * 主线程,通过使用中间共享变量,实现存款线程与取款线程之间的通信
 */
public class ThreadDemo{
    public static void main(String[] args) {
        MyBank bank = new MyBank("0002", 0);
        //实例化取款线程和存款线程
        WithdrawalThread wt = new WithdrawalThread("取款者", bank, 2000);
        DepositeThread dt = new DepositeThread("存款者", bank, 2000);
        //启动线程
        wt.start();
        dt.start();
    }
}
```

100 次运行中的部分结果片段:

存款者存款 2000.0 元,当前余额为:2000.0 元。
取款者取款成功! 吐出钞票:2000.0 元。当前余额为:0.0 元。
存款者存款 2000.0 元,当前余额为:2000.0 元。
取款者取款成功! 吐出钞票:2000.0 元。当前余额为:0.0 元。
存款者存款 2000.0 元,当前余额为:2000.0 元。

代码说明:在本例中,定义了 4 个类,分别为:银行账号类 MyBank、取款线程类 WithdrawalThread、存款 DepositeThread 和主类 ThreadDemo。

其中,MyBank 类主要实现了银行账号的存取款操作,特别是声明了一个标记量 haveMoney,用来表示当前账号中是否有钱,另外存款方法 withdrawal()和取款方法 deposite()都实现了同步;WithDrawalThread 类任其线程体在 run()方法中进行了 100 次取款操作,而 DepositeThread类在其 run()方法中进行了 100 次存款操作;主类 ThreadDemo 中实例化了 MyBank 类的实例 bank,WithdrawalThread 类的实例 wt 和 DepositeThread 类的实例 dt,然后启动这两个线程对象,分别从 bank 中进行存取款操作。

在本例 MyBank 类中的 deposite()方法里如果 haveMoney 为 true,则调用 wait()方法使线程进入等待状态,否则,若 haveMoney 为 false,则进行存款操作并修改 haveMoney 为 true,然后调用 notifyAll()方法通知处于等待状态的线程进入就绪状态,实质上 notifyAll()方法通知的是处于等待状态的取款线程:withdrawal()方法正好与 deposite()方法相反。

注意:使用 wait()方法会抛出 InterruptedException 异常,需要对其捕获,另外,wait()方法使线程为等待状态,而要使处于等待状态的线程切换到就绪状态,必须使用 notify()或 notifyAll()方法。

2)使用管道流实现线程间的通信

管道流可以连接两个线程间的通信,一个线程发送数据到输出管道,另一个线程从输入

管道读出数据。通过使用管道流,达到实现多个线程间通信的目的。

一旦创建并连接了管道流对象,就可以利用多线程的通信机制对磁盘中的文件通过管道流进行数据的读写,从而使多线程应用程序在实际应用中发挥更大的作用。下面的例子有两个线程在运行,一个写线程向管道流中输出信息,一个读线程从管道流中读入信息。下面是 PipeCommunicationThreadDemo. java 文件中的代码。

```java
/**
 * 主类,实现两个线程对象之间传输数据——代码中省略了导入的包
 */
public class PipeCommunicationThreadDemo{
    public static void main(String[] args) {
        PipedInputStream in;
        PipedOutputStream out;
        //建立管道流,并启动线程对象
        try {
            out = new PipedOutputStream();
            in = new PipedInputStream(out);
            new WriterThread(out).start();
            new ReaderThread(in).start();
        } catch (IOException e) {
            e.printStackTrace();
        }
    }
}
/**
 * 写数据线程
 */
class WriterThread extends Thread {
    //将数据输出
    private PipedOutputStream pos;
    private String data[] = { "红色", "绿色", "蓝色" };
    public WriterThread(PipedOutputStream o) {
        pos = o;
    }
    public void run() {
        PrintStream p = new PrintStream(pos);
        for (int i = 0; i < data.length; i ++) {
            p.println(data[i]);
            p.flush();
            System.out.println("线程写数据:" + data[i]);
        }
        p.close();
```

```
            p = null;
    }
}
/**
 * 读数据线程
 */
class ReaderThread extends Thread {
// 从中读数据
    private PipedInputStream pis;
    public ReaderThread(PipedInputStream i) {
        pis = i;
    }
    public void run() {
        String line;
        BufferedReader d;
        boolean reading = true;
        d = new BufferedReader(new InputStreamReader(pis));
        while (reading && d ! = null) {
            try {
                line = d.readLine();
                if (line ! = null)
                    System.out.println("线程读数据:" + line);
                else
                    reading = false;
            } catch (IOException e) {
            }
        }
        try {
            Thread.currentThread();
            Thread.sleep(4000);
        } catch (InterruptedException e) {
        }
    }
}
```

运行结果为:

线程写数据:红色

线程写数据:绿色

线程写数据:蓝色

线程读数据:红色

线程读数据:绿色

线程读数据:蓝色

在本例中,定义了 3 个类,即向管道流中写数据的 WriterThread 线程类、从管道流中读数据的 ReadThread 线程类及主类 PipeCommunicationThreadDemo。其中,在 WriterThread 类中声明了 PipedOutputstream 类型的成员变量 pos,并且把 pos 作为过滤流 Printstream 的节点流使用,然后把字符数组 data 中的各元素写入管道流中;在 ReaderThread 类中,声明了 PipedInputstream 类型的成员变量 pis,并且把 pis 作为过滤流 ButterReader 的节点流使用,然后读取管道流中的数据;最后,在主类中建立并连接了管道流对象,然后启动两个线程对象,从而通过管道流实现了这两个线程对象之间传送数据。

小　结

本章简单介绍了线程的创建及使用方法,并对多线程可能引发的问题作了说明,并进一步对线程的同步方式和线程间的通信作了说明。

本章知识体系

知识点	难度	重要性
线程的概念	★	★★
创建线程的方式	★★	★★★
多线程	★★★★	★★★★
线程同步	★★	★★★
线程通信	★★	★★★

章节练习题

1. 简述线程与进程的异同。
2. 简述线程的生命周期。

综合提高篇

  在以下几章中,读者将学习到 Java 中 Swing GUI 控件的概念,了解网络编程,了解 Java 中数据库连接的方式,并利用前面所学的知识来完成一个聊天室的项目实战。

  通过对以上内容的学习,希望读者能由此掌握如何使用 Swing 来编写小程序界面,如何进行网络通信,如何连接并操作数据库,以及最终能够进行一个聊天室项目的编写。

9 | Java Swing GUI 控件

本章将对 Swing 的概念、布局、事件处理等进行讲解。

【学习目标】

- 了解 Swing 概念和运行机制；
- 能够使用 Swing 创建可互动的界面；
- 掌握 Swing 的事件编写；
- 了解 Swing 事件处理的几种方式。

【能力目标】

能够使用 Swing 进行界面布局和事件处理。

9.1 Swing 概述

Swing 用户界面组件是构成 GUI 的基本要素，通过使用容器的 add 方法加入列容器中。Swing 所提供的用户界面组件种类繁多，例如按钮、标签、列表、组合框、滚动条、菜单等，但它们的用法相对简单。使用用户界面组件的基本步骤如下：

①创建组件对象，设置组件的状态、文本框中的文本等。

②指定组件的外观显示，如组件的颜色、大小和可见性。

③使用某种布局策略，将该组件对象加入某个容器中的某个指定位置处。

④为组件添加对外部刺激（事件）的反应行为。将该组件对象注册给与它所能产生的事件相对应的事件监听者，覆盖事件处理方法，实现利用该组件对象与用户交互的功能。

容器和组件构成了 Swing 的主要内容，下面分别介绍 Swing 中的容器和组件类的层次结构。

如图 9.1 所示是 Swing 容器类层次结构。Swing 容器类主要有 Jwindow，Jframe 和 JDialog，其他不带"J"开头的都是 AWT 提供的类，在 Swing 中大部分类都是以"J"开头的。

如图 9.2 所示是 Swing 组件类层次结构。Swing 所有组件继承自 JComponent，JComponent 又间接继承自 AWT 的 java. awt. Component 类。Swing 组件有很多，这里不再赘述。

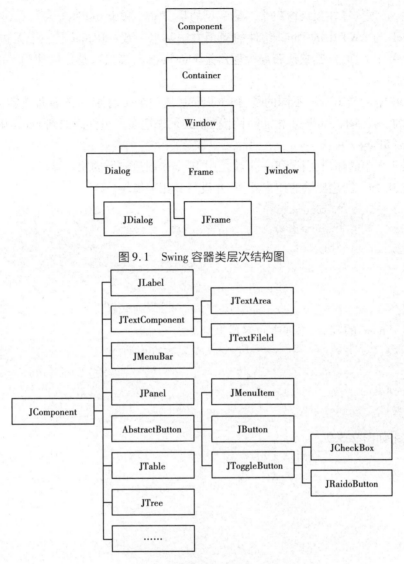

图 9.1 Swing 容器类层次结构图

图 9.2 Swing 组件类层次结构

9.2 Swing **界面**

本节以聊天室用户注册页面为例来讲解 Swing 的使用方法,包括 Swing 容器和 Swing 组件的使用方法。页面效果如图 9.3 所示。

9.2.1 Swing **容器**

所谓容器类就是可以通纳其他构件的类。不难想象,图形界面首先是要有一个窗口作为载体,在这个载体上加入其他构件。那么,这个窗口就是一个容器,它包括菜单条、按钮、列表等构件。Java 中直接使用的窗口是 Frame 类。

在 Swing 中不仅有 JFrame 和 JDialog 这样的顶级窗口,还有一些中间容器,这些容器不能单独存在,必须依存在顶级窗口中。最常见的是 JPanel 和 JScrollPane。

①JPanel:与 AWT 中的 Panel 组件的使用方法基本一致。JPanel 是一个无边框,不能被放大、移动、关闭的面板,其默认布局管理器是 FlowLayout,当然这是可以使用 setLayout( )方法重新设置的。

②JScrollPane:与 JPanel 不同的是,JScrollPane 是一个带有滚动条的面板容器而且这个面板只能添加一个组件,如果想添加多个组件就必须先把多个组件添加到 Panel 中再将 Panel 添加到 JScroollPane 中。

创建图9.3中的注册面板,第一步就是用 JFrame 创建初始的用户界面:

①使用 JFrame 创建初始的用户界面,并设置其相关属性。

```
JFrame f = new JFrame();
f.setTitle("用户注册页面");      //设置JFrame标题文本
//设置默认的关闭时的操作
f.setDefaultCloseOperation(JFrame.EXIT_ON_CLOSE);
f.setSize(500,400);      //设置JFrame窗体大小
f.setLocation(400,200);      //设置JFrame在屏幕的位置
```

②获得 JFrame 的容器,添加中间容器 JPanel。

```
Container con = f.getContentPane();      //添加中间容器JPanel
JPanel pan = new JPanel();
con.add(pan);
f.setVisible(true);
```

实现效果如图9.3所示。

图9.3　用户注册初始用户界面

9.2.2　Swing 组件

有了容器之后,就需要为其添加组件。Swing 所有的组件都是继承自 JComponent,主要有文本处理、按钮、标签、列表、面板、组合框、滚动条、滚动面板、菜单、表格、树等组件。

Swing 常用组件,见表9.1。

表9.1　Swing 常用组件

类　型	作　用
JTextField(文本框)	允许用户在文本框中输入单行文本
JTextArea(文本区)	允许用户在文本区中输入多行文本
JButton(按钮)	允许用户创建单击按钮
JLabel(标签)	标签为用户提供提示信息
JCheckBox(复选框)	为用户提供多项选择。复选框的右边有一个名字,并提供两种状态,一种是选中,另一种是未选中,用户通过单击该组件切换状态
JRadioButton(单选按钮)	为用户提供单项选择
ComboBox(下拉列表)	用户提供单项选择。用户可以在下拉列表中看到第一个选项和它旁边的箭头按钮,当用户单击箭头按钮时,选项列表被打开
JPasswordField(密码框)	允许用户在密码框中输入单行密码,密码框的默认回显字符是"＊",密码框可以使用 setEchoChar(char c)重新设置回显字符,当用户输入密码时,密码框只显示回显字符,密码框调用 char[ ] getPassword( )方法可以返回用户在密码框中输入的密码

在前一个注册面板的基础上添加组件:

(1)添加标签(要录入的基本信息的名称)

标签(JLabel)显示一段静态文本。最常用的构造方法为 JLabel(String text),参数为显示文本内容。相关代码如下:

```
//添加姓名标签
JLabel l_xm = new JLabel("姓名");
pan.add(l_xm);
```

(2)添加文本域(显示录入结果信息)

文本域(JTextField)用于输入文本的内容。最常用的构造方法为 JTextField (intcolumns),参数为显示的列数。相关代码如下:

```
//添加姓名文本框
JTextField tf_name = new JTextField(20);
pan.add(tf_name);
```

(3)添加密码域(密码输入显示"＊")

密码域(JPasswordField)用于输入内容以掩码显示的情况。最常用的构造方法为 JPasswordField (int columns),参数为显示的列数。相关代码如下:

```
//添加密码域
JLabel l_ma = new JLabel("密码");
pan.add(l_ma);
JPasswordField password = new JPasswordField(20);
```

```
password.setEchoChar(' *');
pan.add(password);
```

（4）添加单选按钮（选择性别）

单选按钮（JRadioButton）用于提供单一选择的情况。最常用的构造方法为 JRadioButton （String text，boolean selected）。第一个参数为单选按钮标题，第二个参数为选择状态。

单选按钮每次只能选择一个，想要实现这一点需要将多个单选按钮看成一组，用户需要使用 ButtonGroup 来实现。使用该类的 add 方法把多个按钮加成一组，这样在选择时就只能选择一个。相关代码如下：

```
//添加性别单选按钮
JRadioButton  male = new JRadioButton("男", true);
JRadioButton  female = new JRadioButton("女");
ButtonGroup  group = new ButtonGroup();
group.add(male);
group.add(female);       //归组才能实现单选
pan.add(male);
pan.add(female);
```

（5）添加复选框（选择爱好，多项选择）

复选框（JCheckBox）用于多选的情况。最常用的构造方法为 JRadioButton（String text，boolean selected），第一个参数为单选按钮标题，第二个参数为选择状态。相关代码如下：

```
//添加爱好复选框（多项选择）
JLabel l_ah = new JLabel("爱好");
JCheckBox[] hobby = {new JCheckBox("音乐"),new JCheckBox("足球"),new JCheckBox
("绘画")};
pan.add(l_ah);
pan.add(hobby[0]);
pan.add(hobby[1]);
pan.add(hobby[2]);
```

（6）添加下拉列表（选择城市）

下拉列表（JComboBox）也用于多选一的情况，只是显示效果为下拉框。最常用的构造方法为 JComboBox（）。相关代码如下：

```
//下拉框（选择所在城市）
JLabel  l_cs = new JLabel("城市");
pan.add(l_cs);
String[] citynames = {"重庆市","成都市","北京市","上海市"};
JComboBox  department = new JComboBox(citynames);
department.setEditable(false);
pan.add(department);
```

（7）添加按钮（保存）

按钮（JButton）也最常用的组件之一，用于提交数据，一般与事件结合处理，事件在后续章节进行介绍。相关代码如下：

```
//添加确认、保存按钮
JButton b_sub = new JButton("确认");
pan.add( b_sub);
JButton b_save = new JButton("保存");
pan.add( b_save);
```

最终实现的效果如图 9.4 所示。

图 9.4   用户注册加入组件效果

Swing 为我们提供了丰富的组件,这里不作介绍,用户可以查阅本节列出的其他组件,读者可以查阅类库文档,了解这些组件的属性及常用方法,这里也列举了一些常用的组件,其他组件见表 9.2。

表 9.2   其他组件

类 型	作 用
JList(列表框)	列表框与下拉列表的区别不只是表现在外观上,当激活下拉列表时,会出现下拉列表框中的内容。但列表框只是在窗体系上占据固定的大小,如果需要列表框具有滚动效果,可将列表框放到滚动面板中。当用户选择列表框中的某一项时,按住 Shift 键并选择列表框中的其他项目,可以连续选择两个选项之间的所有项目,也可以按住 Ctrl 键选择多个项目
JSlider(滑块)	允许用户在有限区间内通过移动滑块来选择值的组件
JProgressBar(进度条)	一种以可视化形式显示某些任务进度的组件
Timer(计时器)	该组件可以在指定时间间隔触发一个或多个 ActionEvent。设置计时器的过程包括创建一个 Timer 对象,在该对象上注册一个或多个动作侦听器,以及使用 start( )方法启动该计时器
JMenu(菜单)	可以包含多个菜单项和带分隔符的菜单。在菜单中,菜单项由 JMenuItem 类表示,分隔符由 JSeparator 类表示
JPopupMenu(弹出式菜单)	弹出式菜单,跟 JMenu 显示效果不一致

续表

类　型	作　用
JToolBar(工具栏)	工具栏提供了一个用来显示常用按钮和操作的组件
JFileChoose(文件选择器)	提供文件的选择
JColorChooser(颜色选择器)	提供颜色的选择
JOptionPane(对话框)	弹出对话框的选择
JTable(表格)	将数据以二维表格的形式显示出来,并且允许用户对表格中的数据进行编辑
JTree(树组件)	将数据按照树状形式进行显示,其数据源于其他对象
JTabbedPane(选项卡)	使用选项卡可以在有限的布局空间内展示更多的内容

9.3　Swing 布局

应用布局管理器都属于相对布局,各组件位置可随界面大小而相应改变,不变的只是其相对位置,布局管理器比较难以控制,一般只在界面大小需要改时才用,但即使这样,为了操作方便,也只是在大的模块下用布局管理器,在一些小的模块下还是用绝对布局。在一些没要求界面大小改变的窗口,一般采用绝对布局比较容易,但对于后期的修改来说比较麻烦。

9.3.1　BorderLayout

这种布局管理器分为东、南、西、北、中心 5 个方位。北和南的组件可以在水平方向上拉伸;而东和西的组件可以在垂直方向上拉伸;中心的组件可同时在水平和垂直方向上同时拉伸,从而填充所有剩余空间。在使用 BorderLayout 时,如果容器的大小发生变化,其变化规律为:组件的相对位置不变,大小发生变化。例如,容器变高了,则 North,South 区域不变,West,Center,East 区域变高;如果容器变宽了,West,East 区域不变;North,Center,South 区域变宽。不一定所有的区域都有组件,如果四周区域(West,East,North,South 区域)没有组件,则由 Center 区域去补充,但是如果 Center 区域没有组件,则保持空白。

BorderLayout 是 JInternalFrame,JDialog,JFrame,JWindow 的默认布局管理器。

使用 BorderLayout 将窗口分割为 5 个区域,并在每个区域添加一个标签按钮。实现代码如下:

```
JFrame frame = new JFrame("BorderLayout 布局");    //创建 Frame 窗口
frame.setSize(400,200);
//为 Frame 窗口设置布局为 BorderLayout
frame.setLayout(new BorderLayout());
JButton button1 = new JButton ("上");
JButton button2 = new JButton("左");
JButton button3 = new JButton("中");
```

```
JButton button4 = new JButton("右");
JButton button5 = new JButton("下");
frame.add(button1,BorderLayout.NORTH);
frame.add(button2,BorderLayout.WEST);
frame.add(button3,BorderLayout.CENTER);
frame.add(button4,BorderLayout.EAST);
frame.add(button5,BorderLayout.SOUTH);
frame.setBounds(300,200,600,300);
frame.setVisible(true);
frame.setDefaultCloseOperation(JFrame.EXIT_ON_CLOSE);
```

在该程序中分别指定了 BorderLayout 布局的东、南、西、北、中心区域中要填充的按钮。该程序的运行结果如图 9.5 所示。

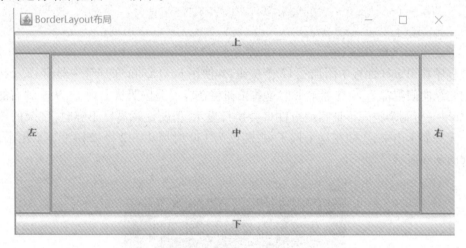

图 9.5 BorderLayout 布局

9.3.2 FlowLayout

FlowLayout 布局称为流式布局管理器,是从左到右,中间放置,一行放不下就换到另一行。一行能放置多少组件取决于窗口的宽度。默认组件是居中对齐的,可以通过 FlowLayout(intalign)函数来指定对齐方式,在默认情况下是居中的(FlowLayout.CENTER)。FlowLayout 为小应用程序(Applet)和面板(Panel)的默认布局管理器。其构造函数示例为:

FlowLayout( )   // 生成一个默认的流式布局,组件在容器里居中,每个组件之间留下
                    5 个像素的距离
FlowLayout(int alinment)   // 可以设定每行组件的对齐方式
FlowLayout(int alignment, int horz, int vert)   // 设定对齐方式并设定组件水平和垂
                                                    直距离

当容器的大小发生变化时,用 FlowLayout 管理的组件会发生变化。其变化规律是:组件的大小不变,但相对位置会发生变化。

创建一个窗口,设置标题为"FlowLayout 布局"。使用 FlowLayout 类对窗口进行布局,向

容器内添加 12 个按钮(使用 for 循环添加),并设置横向和纵向间隙都为 20 像素。具体实现代码如下:

```
JFrame jFrame = new JFrame("FlowLayout 布局");   //创建 Frame 窗口
JPanel jPanel = new JPanel();     //创建面板
for (int i = 1; i < 13; i ++) {//使用 for 循环创建 12 个按钮
    JButton btn = new JButton("" + i);
    jPanel.add(btn);
}
//向 JPanel 添加 FlowLayout 布局管理器,将组件间的横向和纵向间隙都设置为20 像素
jPanel.setLayout(new FlowLayout(FlowLayout.LEADING,20,20));
jPanel.setBackground(Color.gray);     //设置背景色
jFrame.add(jPanel);     //添加面板到容器
jFrame.setBounds(300,200,300,150);      //设置容器的大小
jFrame.setVisible(true);
jFrame.setDefaultCloseOperation(JFrame.EXIT_ON_CLOSE);
```

该程序在 JPanel 面板中添加了 12 个按钮,并使用 FowLayout 布局管理器使 12 个按钮间的横向和纵向间隙都为 20 像素。此时这些按钮将在容器上按照从上到下、从左到右的顺序排列,如果一行剩余空间不足容纳组件将会换行显示,但要注意高度不够时,多余的按钮会被遮挡无法显示出来,比如在这个例子中,高度为 150 时第 9 ~ 12 个按钮没显示出来,运行结果如图 9.6 所示。

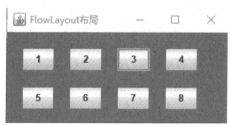

图 9.6　FowLayout 布局

若要完全显示所有按钮,只需稍微调整容器高度即可,修改 setBounds 代码,改为以下内容:

```
//4 个参数分别对应(横坐标,纵坐标,宽度,高度)
jFrame.setBounds(300,200,300,200);
```

运行效果如图 9.7 所示。

图 9.7　FowLayout 布局

注意:由于本例未设置容器高度不变,故即使不修改代码,也可以直接用鼠标扩大容器高度。

9.3.3 CardLayout

这种布局管理器能帮助用户处理两个以致更多的成员共享同一显示空间,它把容器分成许多层,每层的显示空间占据整个容器大小,但是每层只允许放置一个组件,当然每层都可以利用 Panel 来实现复杂的用户界面。CardLayout 就像一副叠得整整齐齐的扑克牌一样,有 54 张,但只能看见最上面的一张,一张牌就相当于布局管理器中的一层。所有的组件像卡片一样叠在一起,每时每刻都只能显示其中的一张卡片。CardLayout 常用到切换界面。例如,单击 App 的 Menu 之后或者某个 Button 之后,主界面会切换到另一个界面,这时就需要CardLayout。其实现过程如下:

首先,定义面板,为各个面板设置不同的布局,并根据需要在每个面板中放置组件:

```
panelOne.setLayout(new FlowLayout);
panelTwo.setLayout(new GridLayout(2,1));
```

再设置主面板:

```
CardLayout card = new CardLayout();
panelMain.setLayout(card);
```

下一步将开始准备好的面板添加到主面板:

```
panelMain.add("red panel",panelOne);
panelMain.add("blue panel",panelOne);
```

add( )方法带有两个参数:第一个为 String 类型用来表示面板标题;第二个为 Panel 对象名称。

完成以上步骤后,必须给用户提供在卡片之间进行选择的方法。一个常用的方法是每张卡片都包含一个按钮。通常用来控制显示哪张面板。

actionListener 被添加到按钮。actionPerformed( )方法可定义显示哪张卡片:

```
card.next(panelMain);              //下一个
card.previous(panelMain);          //前一个
card.first(panelMain);             //第一个
card.last(panelMain);              //最后一个
card.show(panelMain,"red panel"); //特定面板
```

使用 CardLayout 类对容器内的两个面板进行布局。其中第一个面板上包括 3 个按钮,第二个面板上包括 3 个文本框。最后调用 CardLayout 类的 show( )方法显示指定面板的内容,代码如下:

```
JFrame frame = new JFrame("CardLayout 布局");       //创建 Frame 窗口
JPanel p1 = new JPanel();      //面板 1
JPanel p2 = new JPanel();      //面板 2
JPanel cards = new JPanel(new CardLayout());         //卡片式布局的面板
p1.add(new JButton("登录按钮"));
```

```
p1.add(new JButton("注册按钮"));
p1.add(new JButton("找回密码按钮"));
p2.add(new JTextField("用户名文本框",20));
p2.add(new JTextField("密码文本框",20));
p2.add(new JTextField("验证码文本框",20));
cards.add(p1,"card1");        //向卡片式布局面板中添加面板1
cards.add(p2,"card2");        //向卡片式布局面板中添加面板2
CardLayout cl=(CardLayout)(cards.getLayout());
cl.show(cards,"card1");         //调用 show()方法显示面板2
frame.add(cards);
frame.setBounds(300,200,400,200);
frame.setVisible(true);
frame.setDefaultCloseOperation(JFrame.EXIT_ON_CLOSE);
```

上述代码创建了一个卡片式布局的面板 cards,该面板包含两个大小相同的子面板 p1 和 p2。需要注意的是,在将 p1 和 p2 添加到 cards 面板中时使用了含有两个参数的 add()方法,该方法的第二个参数用来标识子面板。当需要显示某一个面板时,只需要调用卡片式布局管理器的 show()方法,并在参数中指定子面板所对应的字符串即可,这里显示的是 p1 面板,运行效果如图9.8 所示。

图9.8　CardLayout 布局-显示第一层

若把"cl. show(cards,"card1")";改为"cl. show(cards,"card2")";,则会显示如图 9.9 所示的效果。

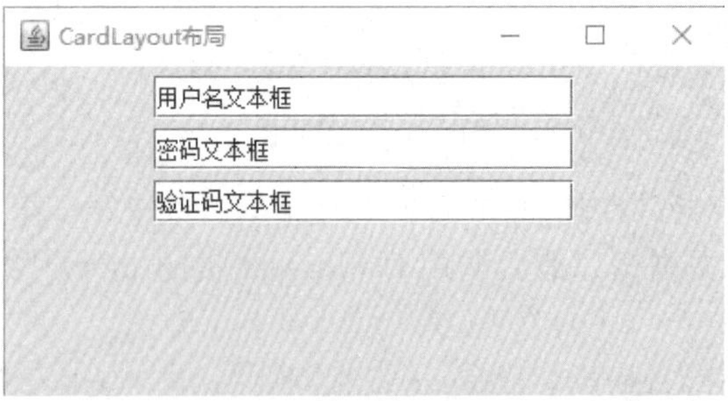

图9.9　CardLayout 布局-显示第二层

9.3.4　GridLayout

这种布局是网格式的布局,窗口改变时,组件的大小也会随之改变。每个单元格的大小一样,而且放置组件时,只能从左到右、由上到下的顺序填充,用户不能任意放置组件。如果改变大小,GridLayout 将相应地改变每个网格的大小,以使各个网格尽可能地大,占据 Container容器全部的空间。

使用 GridLayout 类的网格布局设计一个简单计算器。代码如下:

```
JFrame frame = new JFrame("GridLayou 布局计算器");
JPanel panel = new JPanel();      //创建面板
//指定面板的布局为GridLayout,4 行 4 列,左右间隙为 5,上下间隙为 8
panel.setLayout(new GridLayout(4,4,5,8));
//使用 for 循环将字符串中的单个字符添加至按钮
String temp = "789/456 * 123 - 0. = +";
for (int i = 0; i < temp.length(); i++) {
    panel.add(new JButton("" + temp.charAt(i)));
}
frame.add(panel);      //添加面板到容器
frame.setBounds(300,200,220,170);
frame.setVisible(true);
frame.setDefaultCloseOperation(JFrame.EXIT_ON_CLOSE);
```

上述程序设置面板为 4 行 4 列、左右间隙为 5、上下间隙为 8 像素的网格布局,在该面板上包含 16 个按钮,左右间隙为 5,上下间隙为 8。在 GridLayout 布局的情况下,只要没设置按钮大小固定,则按钮的大小会随着容器的大小自动变化,该程序的运行结果如图 9.10 所示。

图 9.10　GridLayout 布局

9.4　Swing 事件处理

9.4.1　事件处理模型

图形界面的组件要响应用户操作,就必须添加事件处理机制。Swing 采用 AWT 的事件处理模型进行事件处理。在事件处理的过程中涉及以下 3 个要素。

①事件:用户对界面的操作,在 Swing 中称为事件类,java. awt. AWTEvent 及其子类,例如,按钮单击事件类是 java. awtevent. AcitonEvent。

②事件源:事件发生的场所,也就是各个组件,例如,按钮单击事件的事件源就是按钮(Button)。

③事件处理者:即事件处理程序,是特定接口的事件对象。

在事件处理模型中最重要的是事件处理者,它根据事件(假设×××Event 事件)的不同实现不同的接口,这些接口命名为×××Listener,所以事件处理者也称为事件监听器。最后事件源通过 add×××Listener()方法添加事件监听,监听×××Event 事件。各种事件和事件的监听器接口见表9.3。

事件处理者可以实现×××Listener 接口的任何形式,即外部类、内部类、匿名内部类和 Lambda 表达式。如果×××Listener 接口只有一个抽象方法,事件处理者还可以是 Lambda 表达式。为了方便访问窗口中的组件,往往使用内部类、置名内部类和 Lambda 表达式情况。

表9.3 事件类型和事件监听器接口

事件类型	相应监听器接口	监听接口中的方法
Aciton	ActionListener	actionPerformed(ActionEvent)
Item	ItemListener	ItemteStateChanged(ItemEvent)
Mouse	MouseListener	mousePressed(MouseEvent)
		mousReleased(MouseEvent)
		mouseEntered(MouseEvent)
		mouseExited(MouseEvent)
		mouseClicked(Mouseevent)
Mouse Motion		mouseDragged(MouseEvent)
		mouseMoved(MouseEvent)
Key	KeyListener	keyPressed(KeyEvent)
		keyReleased(KeyEvent)
		keyTyped(KeyEvent)
Focus	FocusListener	focusGained(FocusEvent)
		focusLost(FocusEvent)
Adjustment	AdjustmentListener	adjustmentValueChanged(AdjustmentEvent)
Component	ComponentListener	componentMoved(ComponentEvent)
		componentHidden(ComponentEvent)
		componentResized(ComponentEvent)
		componentShown(ComponentEvent)
Window	WindowListener	windowClosing(WindowEvent)
		windowOpened(WindowEvent)

续表

事件类型	相应监听器接口	监听接口中的方法
Window	WindowListener	windowlConified(WindowEvent)
		windowDeiconified(WindowEvent)
		windowClosed(WindowEvent)
		windowActivated(WindowEvent)
		windowDeactivated(WindowEvent)
Container	ContainerListener	componentAdded(ContainerEvent)
		componentRemoved(ContainerEvent)
Text	TextListener	textValueChanged(TextEvent)

9.4.2　采用内部类处理事件

因为内部类和匿名内部类能够便于访问窗口中的组件,所以这里重点介绍内部类和匿名内部类实现的事件监听器。

下面通过一个示例介绍采用内部类和匿名内部类实现的事件处理模型。如图 9.11 所示的示例,界面中有两个按钮和一个标签,当单击 Button1 或 Button2 时会改变标签显示的内容——由 Hello Swing! 变成了 Hello World!。

图 9.11　事件处理模型示例

示例代码如下:

```
public class MyFrame extends JFrame {
  //声明标签
  JLabel label; //①
  public MyFrame(String title) {
  super(title);
  //创建标签
  label = new JLabel("Hello Swing!");
  //添加标签到内容面板
  getContentPane().add(label, BorderLayout.NORTH); //②
  //创建 Button
  JButton button1 = new JButton("Button1");
  //添加 Button1 到内容面板
  getContentPane().add(button1, BorderLayout.CENTER); //③
```

```
        //创建 Button
        JButton button2 = new JButton("Button2");
        //添加 Button2 到内容面板
        getContentPane().add(button2, BorderLayout.SOUTH); //④
        //设置窗口大小
        setSize(350,120);
        //注册事件监听器,监听 Button2 单击事件
        button2.addActionListener(new ActionEventHandler()); //⑤
        //注册事件监听器,监听 Button1 单击事件
        button1.addActionListener(new ActionListener() { //⑥
            public void actionPerformed(ActionEvent arg0) {
                label.setText("Hello Swing!");
            }
        });
    }
    //Button2 事件监听器
    class ActionEventHandler implements ActionListener { //⑦
        public void actionPerformed(ActionEvent e) {
            label.setText("Hello World!");
        }
    }
    public static void main(String[] args) {
        MyFrame mf = new MyFrame("事件处理模型");
        mf.setVisible(true);
    }
}
```

上述代码第②行通过 add(label, BorderLayout. NORTH)方法将标签添到内容面板,这个 add( )方法与前面介绍的有所不同,它的第二个参数是指定组件的位置,有关布局管理的内容已在 9.3 节作过介绍,这里不再赘述。类似的添加还有第②行和第④行。

代码第⑤行和第①行都是注册事件监听器监听 Button 的单击事件。但是第⑤行的事件监听器是一个内部类 ActionEventHandler,它的定义是在代码第③行。代码第⑥行的事件监听器是一个匿名内部类。

9.4.3 采用 Lambda 表达式处理事件

如果一个事件监听器接口只有一个抽象方法,则可以使用 Lambda 表达式实现事件处理,这些接口主要有 ItemListener,KeyListener 等。

将上一个示例进行修改——直接实现 ActionListener 接口。

```
public class MyFrame extends JFrame implements ActionListener{   //①
    //声明标签
    JLabel label1;
    public MyFrame (String title) {
```

```
        super(title);
        //创建标签
        label = new JLabel("Hello Swing!");
        //添加标签到内容面板
        getContentPane().add(label, BorderLayout.NORTH);
        //创建 Button
        JButton button1 = new JButton("Button1");
        //添加 Button1 到内容面板
        getContentPane().add(button1,BorderLayout.CENTER);
        //创建 Button
        JButton button2 = new JButton("Button2");
        //添加 Button2 到内容面板
        getContentPane().add(button2,BorderLayout.SOUTH);
        //设置窗口大小
        setSize(350,120);
        //注册事件监听器,监听 Button2 单击事件
        button2.addActionListener(this);             //②
        //注册事件监听器,监听 Button1 单击事件
        button1.addActionListener((event) - >{        //③
            label.setText("Hello Swing!" );
        });
    }
    public void actionPerformed(ActionEvent e) {      //④
    label.setText("Hello World!" );
    }
    public static void main(String[] args) {
        MyFrame mf = new MyFrame("事件处理模型");
        mf.setVisible(true);
    }
}}
```

上述代码如果第③行采用 Lambda 表达式实现事件监听器,课间代码非常简单,另外,当前窗口本身也可以是事件的处理者,代码第①行声明窗口实现 ActionListener 接口。代码第④行实现抽象方法,那么注册事件监听器参数就是 this,见代码第②行。

注意:要使用 Lambda 表达式,jdk 必须在 1.8 以上。

9.4.4　使用适配器处理事件

事件监听器都是接口,在 Java 接口中定义的抽象方法必领全部实现,哪怕对某些方法并不关心,也要给一对空的大括号表示实现。例如,WindowListener 是窗口事件(Windowevent)

监听器接口,为了在窗口中接收到窗口事件,需要在窗口中注册 WindowListener 事件监听器,此时就会实现该监听器中所有的方法,即使你只想用其中的一个或几个方法,因此,如果只想使用监听接口中的某一个事件方法,就可以使用适配器。比如下面这个鼠标适配器:

```
public class MouseClickHandler extends MouseAdaper{
    public void mouseClicked(MouseEvent e)        //只实现需要的方法
    {……}
}
```

通过使用事件的适配器,可以让我们的代码只关注自己的事件,而不必造成不必要的代码浪费。这就是适配器模式在事件处理中的应用。java. awt. event 包中定义的事件适配器类包括以下几种:

①ComponentAdapter(组件适配器)。

②ContainerAdapter(容器适配器)。

③FocusAdapter(焦点适配器)。

④KeyAdapter(键盘适配器)。

⑤MouseAdapter(鼠标适配器)。

⑥MouseMotionAdapter(鼠标运动适配器)。

⑦WindowAdapter(窗口适配器)。

这几个适配器的使用方法和监听器的使用方法区别不大,监听器需要实现接口,并实现接口中所有的方法,而适配器是继承,可以只使用某一种或几种方法,不使用的方法则不用列出。

小　结

本章简单介绍了 Java 中输入输出流的概念以及字符流的操作,并对文件上传和下载作了简单的介绍。

本章知识体系

知识点	难度	重要性
Swing 概念	★	★★
容器及组件	★★★★	★★★★
布局	★★★	★★★★
事件处理	★★★★★	★★★★★

章节练习题

完成一个简单的计算器,并实现其中的按钮事件,界面如图 9.12 所示。

图 9.12　计算器

10 | Java 网络编程

本章将对网络编程相关概念进行介绍,围绕使用 socket 编程的方法来进行介绍分析。

【学习目标】

- 了解网络编程基础的概念;
- 掌握 UDP,TCP 协议的概念以及 socket 通信编程。

【能力目标】

能够理解网络编程的概念并能使用 socket 编程。

10.1 使用 URL 访问网络资源

10.1.1 统一资源定位符 URL

URL(Uniform Resource Locator,统一资源定位符)表示 Internet 上某一资源的地址。通过 URL,可以访问 Internet 上的各种网络资源,例如,最常见的 WWW 和 FTP 站点。浏览器通过解析给定的 URL 可以在网络上查找相应的文件或其他资源。

URL 是最为直观的一种网络定位方法。因为使用 URL 符合人们的语言习惯,容易记忆,所以应用十分广泛。在目前最为广泛的 TCP/IP 中对 URL 域名的解析也是协议的一个标准,即所谓的域名解析服务。使用 URL 进行网络编程,不需要对协议本身有太多地了解,功能也比较弱,相对而言是比较简单的,所以先介绍在 Java 中如何使用 URL 进行网络编程。

URL 可以分为如下几个部分。

```
protocol://host:port/path? query#fragment
```

protocol(协议)可以是 HTTP,HTTPS,FTP 和 File;port 为端口号;path 为文件路径及文件名。

HTTP 协议的 URL 实例如下:

```
http://www.cqie.com/index.html? language = cn#j2se
```

URL 解析:

协议为(protocol):http。

主机为(host:port):www.cqie.com。

端口号为(port):80,以上 URL 实例并未指定端口,80 为默认端口。

文件路径为(path)：/index. html。

请求参数(query)：language＝cn。

定位位置(fragment)：j2se，定位到网页中 id 属性为 j2se 的 HTML 元素位置。

10.1.2　URL 类

在 java. net 包中定义了 URL 类，该类用来处理有关 URL 的内容。对于 URL 类的创建和使用，下面分别进行介绍。

java. net. URL 提供了丰富的 URL 构建方式，并可通过 java. net. URL 来获取资源，见表 10.1。

表 10.1　URL 的构造方法

序号	方法描述
1	public URL(String protocol, String host, int port, String file) throws MalformedURLException. 通过给定的参数(协议、主机名、端口号、文件名)创建 URL
2	public URL(String protocol, String host, String file) throws MalformedURLException 使用指定的协议、主机名、文件名创建 URL，端口使用协议的默认端口
3	public URL(String url) throws MalformedURLException 通过给定的 URL 字符串创建 URL
4	public URL(URL context, String url) throws MalformedURLException 使用基地址和相对 URL 创建

URL 类中包含了很多方法用于访问 URL 的各个部分，具体方法描述见表 10.2。

表 10.2　URL 方法描述

序号	方法描述
1	public String getPath()：返回 URL 路径部分
2	public String getQuery()：返回 URL 查询部分
3	public String getAuthority()：获取此 URL 的授权部分
4	public int getPort()：返回 URL 端口部分
5	public int getDefaultPort()：返回协议的默认端口号
6	public String getProtocol()：返回 URL 的协议
7	public String getHost()：返回 URL 的主机
8	public String getFile()：返回 URL 的文件名部分
9	public String getRef()：获取此 URL 的锚点(也称为"引用")
10	public URLConnection openConnection() throws IOException 打开一个 URL 链接，并运行客户端访问资源

10.1.3 URLConnection 类

openConnection()返回一个 java. net. URLConnection。

当程序需要使用 HTTP 协议的 URL 地址时,使用 openConnection()方法返回 HttpURL-Connection 对象。

如果你链接的 URL 不是一个地址,而是一个 JAR 文件,openConnection()方法则会返回 JarURLConnection 对象。URLConnection 方法见表 10.3。

表 10.3 URLConnection 方法

序号	方法描述
1	Object getContent( ) 检索 URL 链接内容
2	Object getContent(Class[ ] classes) 检索 URL 链接内容
3	String getContentEncoding( ) 返回头部 content-encoding 字段值
4	int getContentLength( ) 返回头部 content-length 字段值
5	String getContentType( ) 返回头部 content-type 字段值
6	int getLastModified( ) 返回头部 last-modified 字段值
7	long getExpiration( ) 返回头部 expires 字段值
8	long getIfModifiedSince( ) 返回对象的 ifModifiedSince 字段值
9	public void setDoInput(boolean input) URL 链接可用于输入和/或输出。如果打算使用 URL 链接进行输入,则将 DoInput 标志设置为 true;如果不打算使用,则设置为 false。默认值为 true
10	public void setDoOutput(boolean output) URL 链接可用于输入和/或输出。如果打算使用 URL 链接进行输出,则将 DoOutput 标志设置为 true;如果不打算使用,则设置为 false。默认值为 false
11	public InputStream getInputStream( ) throws IOException 返回 URL 的输入流,用于读取资源
12	public OutputStream getOutputStream( ) throws IOException 返回 URL 的输出流,用于写入资源
13	public URL getURL( ) 返回 URLConnection 对象链接的 URL

10.1.4　UDP 通信

UDP 的应用虽然不如 TCP 广泛,但是在需要很强的实时交互性的场合,或者数据质量要求也不是很高的情况下,如视频会议等应用,UDP 却显示出极强的适应性。下面介绍 Java 环境下如何实现 UDP 网络传输。

UDP 协议在网络中与 TCP 协议一样用于处理数据包。UDP 不提供对差错和流量的控制,因此,所谓数据报(Datagram)就跟日常生活中的邮件系统一样,是不能保证可靠地寄到目的地的,而面向链接的 TCP 就好比电话,双方能肯定对方接收了信息。

Datagrampacket 数据报包用来实现无连接包投递服务。每条报文仅根据该包中包含的信息从一台机器路由到另一台机器。从一台机器发送到另一台机器的多个包可能选择不同的路由,也可能按不同的顺序到达。不对包投递作出保证。

包 java. net 中提供了 Datagramsocket 和 Datagrampacket 两个类用来支持数据报通信,Datagramsocket 用于在程序之间建立传送数据报的通信连接,Datagrampacket 则用来表示一个数据报。另外,Datagrampacket 也可以被发送到多播组 Multicastsocket,该主机和端口的所有预定接收者都将接收到消息。下面先来看 Datagramsocket 的构造方法。

Datagramsocket ( );

Datagramsocket (int port);

Datagramsocket (int port, InetAddressladdr);

其中,port 指明 Socket 所使用的端口号,如果未指明端口号,则把 Socket 连接到本地主机上一个可用的端口。laddr 指明一个可用的本地地址。给出端口号时要保证不发生端口冲突,否则会生成 SocketException 类异常。

注意:上述两个构造方法都声明抛弃非运行时异常 SocketExceptin 程序中必须进行的处理,或者捕获、或者声明抛弃。

用数据报方式编写 client/server 程序时,无论在客户方还是服务方,首先都要建立一个 Datagramsocket 对象,用来接收或发送数据报,然后使用 Datagrampacket 类对象作为传输数据的载体,表 10.4 列出了该类的主要方法。以下是 Datagrampacket 的构造方法。

Datagrampacket (byte buf [ ], int length);

Datagrampacket (byte buf [ ], int length, InetAddress addr, int port);

Datagrampacket(byte[ ] buf, int offset, int length, lnetAddress address, Int port);

其中存放数据报数据,length 为数据报中数据的长度,addr 和 port 指明了目的地址,off-set 指明了数据报的偏移量。

表 10.4　DatagramPacket 方法

方　法	作　用
InetAddress getAddress( )	返回某台机器的 IP 地址,此数据报将要发往该机器或者是从机器接收到的
Byte[ ] getDate( )	返回数据缓冲区
Int getLength( )	返回将要发送或接收到的数据长度
Int getOffset( )	返回将要发送或接收到的数据偏移量

续表

方　法	作　用
Int getPort( )	返回某台远程主机的端口号,此数据报将要发往该主机或者是从该主机接收到的
SoketAddress getSoketAddress( )	获取要将此包发送到的或发出此数据报的远程主机的 SocketAddress(通常为 IP 地址 + 端口号)

10.2　使用 Socket 进行通信

　　网络编程是指编写运行在多个设备(计算机)的程序,这些设备都通过网络连接起来。

　　java. net 包中 J2SE 的 API 包含有类和接口,它们提供低层次的通信细节。你可以直接使用这些类和接口来专注于解决问题,而不用关注通信细节。

　　java. net 包中提供了两种常见的网络协议支持:

　　①TCP 是传输控制协议的缩写,它保障了两个应用程序之间的可靠通信。通常用于互联网协议,被称 TCP/IP。

　　②UDP 是用户数据报协议的缩写,一个无连接的协议。提供了应用程序之间要发送的数据的数据包。

　　应用层通过传输层进行数据通信时,TCP 和 UDP 会遇到同时为多个应用程序进程提供并发服务的问题。多个 TCP 连接或多个应用程序进程可能需要通过同一个 TCP 协议端口传输数据。为了区别不同的应用程序进程和连接,许多计算机操作系统为应用程序与 TCP/IP 协议交互提供了称为套接字(Socket)的接口,区分不同应用程序进程间的网络通信和连接。生成套接字,主要有 3 个参数:通信的目的 IP 地址、使用的传输层协议(TCP 或 UDP)和使用的端口号。Socket 原意是“插座”。通过将这 3 个参数结合起来与一个“插座”Socket 绑定,应用层就可以和传输层通过套接字接口,区分来自不同应用程序进程或网络连接的通信,实现数据传输的并发服务。

　　要通过互联网进行通信,至少需要一对套接字,即一个运行于客户机端,称为 Client-Socket;另一个运行于服务器端,称为 ServerSocket。

　　根据连接启动的方式以及本地套接字要连接的目标,套接字之间的连接过程可以分为 3 个步骤:服务器监听、客户端请求和连接确认。

　　①服务器监听是服务器端套接字并不定位具体的客户端套接字,而是处于等待连接的状态,实时监控网络状态。

　　②客户端请求是指由客户端的套接字提出的连接请求,要连接的目标是服务器端的套接字。为此,客户端的套接字必须先描述它要连接的服务器的套接字,指出服务器端套接字的地址和端口号,然后向服务器端套接字提出连接请求。

　　③连接确认是指当服务器端套接字监听到或者说接收到客户端套接字的连接请求,它就响应客户端套接字的请求,建立一个新的线程,把服务器端套接字的描述发给客户端,一旦客户端确认了此描述,连接就建立好了。而服务器端套接字继续处于监听状态,继续接收

其他客户端套接字的连接请求。

10.2.1　套接字使用

套接字使用 TCP 提供了两台计算机之间的通信机制。客户端程序创建了一个套接字，并尝试连接服务器的套接字。当连接建立时，服务器会创建一个 Socket 对象。客户端和服务器现在可以通过对 Socket 对象的写入和读取来进行通信。java. net. Socket 类代表一个套接字，并且 java. net. ServerSocket 类为服务器程序提供了一种来监听客户端，并与他们建立连接的机制。以下步骤在两台计算机之间使用套接字建立 TCP 连接时会出现以下情况：

①服务器实例化一个 ServerSocket 对象，表示通过服务器上的端口通信。

②服务器调用 ServerSocket 类的 accept( )方法，该方法将一直等待，直到客户端连接到服务器上给定的端口。

③服务器正在等待时，一个客户端实例化了一个 Socket 对象，指定服务器名称和端口号来请求连接。

Socket 类的构造函数试图将客户端连接到指定的服务器和端口号。如果通信被建立，则在客户端创建一个 Socket 对象能够与服务器进行通信。在服务器端，accept( )方法返回服务器上一个新的 socket 引用，该 socket 连接到客户端的 socket。

连接建立后，通过使用 I/O 流再进行通信，每一个 socket 都有一个输出流和一个输入流，客户端的输出流连接到服务器端的输入流，而客户端的输入流连接到服务器端的输出流。TCP 是一个双向通信协议，因此数据可以通过两个数据流在同一时间发送。以下是一些类提供的一套完整的有用的方法来实现 socket。

（1）ServerSocket 类的方法

服务器应用程序通过使用 java. net. ServerSocket 类以获取一个端口，并且侦听客户端请求。

ServerSocket 类有 4 种构造方法，描述如下：

public ServerSocket(int port) throws IOException

创建绑定到特定端口的服务器套接字。

public ServerSocket(int port, int backlog) throws IOException

利用指定的 backlog 创建服务器套接字并将其绑定到指定的本地端口号。

public ServerSocket(int port, int backlog, InetAddress address) throws IOException

使用指定的端口、侦听 backlog 和要绑定到的本地 IP 地址创建服务器。

public ServerSocket( ) throws IOException

创建非绑定服务器套接字。

如果 ServerSocket 构造方法没有抛出异常，就意味着你的应用程序已经成功绑定到指定的端口，并且侦听客户端请求。

这里有一些 ServerSocket 类的常用方法，描述如下：

public int getLocalPort( )

返回此套接字在其上侦听的端口。

public Socket accept( ) throws IOException

侦听并接收到此套接字的连接。

public void setSoTimeout(int timeout)

通过指定超时值启用/禁用 SO_TIMEOUT,以毫秒为单位。

public void bind(SocketAddress host, int backlog)

将 ServerSocket 绑定到特定地址(IP 地址和端口号)。

(2)Socket 类的方法

java. net. Socket 类代表客户端和服务器都用来互相沟通的套接字。客户端要获取一个
Socket 对象通过实例化,而服务器获得一个 Socket 对象则通过 accept()方法的返回值。
Socket 类有 5 个构造方法,描述如下:

public Socket(String host, int port) throws UnknownHostException, IOException.

创建一个流套接字并将其连接到指定主机上的指定端口号。

public Socket(InetAddress host, int port) throws IOException

创建一个流套接字并将其连接到指定 IP 地址的指定端口号。

public Socket(String host, int port, InetAddress localAddress, int localPort) throws IOExc-
eption.

创建一个套接字并将其连接到指定远程主机上的指定远程端口。

public Socket(InetAddress host, int port, InetAddress localAddress, int localPort) throws
IOException.

创建一个套接字并将其连接到指定远程地址上的指定远程端口。

public Socket()

通过系统默认类型的 SocketImpl 创建未连接套接字。

当 Socket 构造方法返回时,并未简单地实例化了一个 Socket 对象,它实际上会尝试连接
到指定的服务器和端口。

下面列出了一些感兴趣的方法,注意客户端和服务器端都有一个 Socket 对象,所以无论
客户端还是服务器端都能调用这些方法。描述如下:

public void connect(SocketAddress host, int timeout) throws IOException

将此套接字连接到服务器,并指定一个超时值。

public InetAddress getInetAddress()

返回套接字连接的地址。

public int getPort()

返回此套接字连接到的远程端口。

public int getLocalPort()

返回此套接字绑定到的本地端口。

public SocketAddress getRemoteSocketAddress()

返回此套接字连接的端点地址,如果未连接则返回 null。

public InputStream getInputStream() throws IOException

返回此套接字的输入流。

public OutputStream getOutputStream() throws IOException

返回此套接字的输出流。

public void close( ) throws IOException

关闭此套接字。

InetAddress 类的方法：

这个类表示互联网协议(IP)的地址。下面列出了 Socket 编程时比较有用的方法：

static InetAddress getByAddress(byte[ ] addr)

在给定原始 IP 地址的情况下,返回 InetAddress 对象。

static InetAddress getByAddress(String host, byte[ ] addr)

根据提供的主机名和 IP 地址创建 InetAddress。

static InetAddress getByName(String host)

在给定主机名的情况下确定主机的 IP 地址。

String getHostAddress( )

返回 IP 地址字符串(以文本表现形式)。

String getHostName( )

获取此 IP 地址的主机名。

static InetAddress getLocalHost( )

返回本地主机。

String toString( )

将此 IP 地址转换为 String。

Socket 客户端实例,以下的 GreetingClient 是一个客户端程序,该程序通过 Socket 连接到服务器并发送一个请求,然后等待一个响应,下面是 GreetingClient. java 文件中的代码(导入包属于 java. io 和 java. net)。

```java
public class GreetingClient {
  public static void main(String[] args) {
    String serverName = args[0];
    int port = Integer.parseInt(args[1]);
    try {
      System.out.println("连接到主机:" + serverName + ",端口号:" + port);
      Socket client = new Socket(serverName, port);
      System.out.println("主机地址:" + client.getRemoteSocketAddress());
      OutputStream outToServer = client.getOutputStream();
      DataOutputStream out = new DataOutputStream(outToServer);
      out.writeUTF("Hello from " + client.getLocalSocketAddress());
      InputStream inFromServer = client.getInputStream();
      DataInputStream in = new DataInputStream(inFromServer);
      System.out.println("服务器响应:" + in.readUTF());
      client.close();
    } catch(IOException e) {
      e.printStackTrace();
```

```
      }
    }
  }
```

Socket 服务器端实例,以下的 GreetingServer 程序是一个服务器端的应用程序,使用
Socket 来监听一个指定的端口,GreetingServer. java 文件中的程序代码如下:

```
public class GreetingServer extends Thread {
  private ServerSocket serverSocket;
  public GreetingServer(int port) throws IOException {
    serverSocket = new ServerSocket(port);
    serverSocket.setSoTimeout(10000);
  }
  public void run() {
    while(true) {
      try {
        System.out.printIn("等待远程连接,端口号为:" + serverSocket.getLocal-
Port() + "...");Socket server = serverSocket.accept();
        System.out.printIn("远程主机地址:" + server.getRemoteSocketAddress
());
        DataInputStream in = new DataInputStream(server.getInputStream());
        System.out.printIn(in.readUTF());
        DataOutputStream out = new DataOutputStream(server.getOutputStream
());
        out.writeUTF("谢谢连接我:" + server.getLocalSocketAddress() + "\nGood-
bye!");
        server.close();
      }catch(SocketTimeoutException s) {
        System.out.printIn("Socket timed out!");
        break;
      }catch(IOException e) {
        e.printStackTrace(); break;
      }
    }
  }
  public static void main(String [] args) {
    int port = Integer.parseInt(args[0]);
    try {
      Thread t = new GreetingServer(port);
      t.run();
    }catch(IOException e) {
      e.printStackTrace();
    }
  }
}
```

编译以上两个 java 文件代码,并执行以下命令来启动服务,使用端口号为 6066。在控制台执行 javac GreetingServer. java 和 java GreetingServer 6066。

运行结果为:

等待远程连接,端口号为:6066…

接着新开一个命令窗口,执行 javac GreetingClient. java 和 java GreetingClient localhost 6066 命令来开启客户端,运行结果为:

连接到主机:localhost,端口号为:6066
远程主机地址:localhost/127.0.0.1:6066
服务器响应:谢谢连接我:/127.0.0.1:6066
Goodbye!

在以上两段代码中,建立了一个简单的服务器端和客户端,客户端可以通过一个指定的远程端口来连接服务器端。

小　结

本章简单介绍了 Java 中对 URL 的一些操作,并对 Socket 通信进行简单讲解。

本章知识体系

知识点	难度	重要性
URL 概念	★	★★
URL 通信	★★★★	★★★★
Socket 通信	★★★	★★★★

章节练习题

1. 一个完整的 URL 地址由哪几部分组成?
2. 简述 Socket 的通信机制。

11 数据库编程

本章以 MySQL 数据库为例介绍数据库的创建、访问及 JDBC 数据库编程。

【学习目标】

- 了解 JDBC 的概念;
- 掌握 JDBC 常用的类和接口;
- 能用 JDBC 操作数据库。

【能力目标】

能够连接数据库并使用 JDBC 对数据库进行操作。

11.1 初识 JDBC

JDBC(java database connectivity)就是 Java 语言用来操作访问数据库的 API 接口,是一个操作各种关系型数据库的规范。与 JDBC 作用相同的数据存储技术还有 JDO,Hibernate,mybatis,它们与 JDBC 的区别就在于它们是经过封装的第三方框架,简化了代码的书写过程,但性能不如 JDBC。

JDBC 制订了统一访问各类关系数据库的标准接口,为各个数据库厂商提供了标准接口的实现。

JDBC 规范将驱动程序归结为以下几类(选自 Core Java Volume Ⅱ——Advanced Features):

第一类驱动程序将 JDBC 翻译成 ODBC,然后使用一个 ODBC 驱动程序与数据库进行通信。

第二类驱动程序是由部分 Java 程序和部分本地代码组成的,用于与数据库的客户端 API 进行通信。

第三类驱动程序是纯 Java 客户端类库,它使用一种与具体数据库无关的协议将数据库请求发送给服务器构件,然后该构件再将数据库请求翻译成数据库相关的协议。

第四类驱动程序是纯 Java 类库,它将 JDBC 请求直接翻译成数据库相关的协议。

JDBC 是通过驱动来实现规范的,所以说,在写程序之前需要在网上下载数据库的驱动,并将它放在程序中。在写 JDBC 程序前,先认识几个程序需要用到的接口和类。

①Connection 接口:代表与数据库的一个连接,使用它可以控制事务,创建 Statement,常用方法有 createStatement()、commit()、rollback()、setSavepoint()。

②Statement 接口：代表一个声明，使用它可以向数据库发送 SQL 语句，常用方法有 execute( )（可执行任何 SQL 语句，返回结果类型为 Boolean 型，查询语句返回结果为 true，其他语句为 false）、executeUptate( )（返回值类型为 int，代表受影响的记录条数，常执行除了 select 语句以外的 DML 语句，也可执行其他语句，但意义不大）、executeQuery( )（专门用来执行 select语句的方法，其返回结果为结果集）。

③ResultSet 接口：代表储存记录的结果集，常用方法有 next( )（移动记录集的游标，如还有记录返回 true，否则返回 false）、get × × ×(int)（参数代表的是列号，从 1 开始，× × ×代表想要返回列的类型）、get × × ×(column_Name)（参数代表的是列名）。

④DriverManager 类：驱动程序管理器，一个用来管理驱动，并创建连接的类，常用方法有 getConnection( )。

JDBC 应用程序的开发步骤有加载驱动、获得连接、通过连接来创建 Statement 和关闭资源。下面是一个简单的 JDBC 程序：

```
该程序需要抛出 ClassNotFoundException, SQLException 异常。
//加载驱动
Class.forName("com.mysql.jdbc.Driver");
//获得连接
Connection conn = DriverManager.getConnection("jdbc:mysql://localhost:3306/
test","root","root");
//创建 Statement,并执行 sql 语句
Statement sm = conn.createStatement();
sm.execute("insert into employee values(2,'xzk')");
//关闭资源
sm.close();
conn.close();
```

这个程序会连接本机的名为 test 的 mysql 数据库，成功之后会往 employee 表中插入一条数据；反之，则会抛出异常。

11.1.1　JDBC 操作相关类和接口详解

1）java. sql. DriverManager 类

第一步：注册驱动。

DriverManager. registerDriver(new Driver( ))；其实上述方式是不建议使用的，原因如下：驱动会被注册两次强烈依赖数据库驱动的 jar 文件，耦合性高对原因作说明。

```
static {
  try {
    java.sql.DriverManager.registerDriver(new Driver());
  } catch (SQLException E) {
    thrownew RuntimeException("Can't register driver!");
  }
}
```

上述代码来自 com. mysql. jdbc. Driver,可见其自身也注册了一次。

推荐用法:

```
Class.forName("com.mysql.jdbc.Driver");
```

第二步:与数据库建立连接,一般有 3 种方式。

①常用方式一:

```
DriverManager.getConnection ( "jdbc: mysql://localhost: 3306/mydb", "root", "root");
```

②常用方式二:

```
Properties info = new Properties();
info.setProperty("user", "root");
info.setProperty("password","root");
DriverManager.getConnection("jdbc:mysql://localhost:3306/mydb",info);
```

③常用方式三:

```
DriverManager. getConnection ( " jdbc: mysql://localhost: 3306/mydb? user = root&password=root");
```

2)java. sql. Connection 接口

用于获取由 DriverManager. getConnection( )方法得到的数据库连接,并可以在这个接口的基础上创建 Statement 对象,其代码为:

```
Connection conn = DriverManager.getConnection(连接的字符串);
Statement statement = connection.createStatement();
```

3)java. sql. Statement 接口

作用:创建执行 sql 语句的对象(一定要获得连接并在创建 Statement 对象后)。

```
statement.execute("insert into employee values(2,'xzk')");
```

Statement 常用的 sql 操作方法一般有以下 3 种。

①int executeUpdate(String sql):根据执行的 DML(insert update delete)语句,返回受影响的行数——只能执行新增、修改、删除操作。

②boolean execute(String sql):此方法可以执行任意 sql 语句,返回 boolean 值,表示是否返回 ResultSet 结果集,仅当执行 select 语句,且有返回结果时返回 true,其他语句都返回 false,可以看出返回值价值不大,因此很少使用。

③ResultSet executeQuery(String sql):专用于执行查询操作,返回 ResultSet 结果集。

4)java. sql. ResultSet 接口

作用:执行 sql 语句并返回结果。

```
ResultSet rs = statement.executeQuery ("SELECT * from employee");
```

ResultSet 的值由 Statement 接口中相关的方法返回,Statement 接口中能够返回 ResultSet 结果集的方法有以下 3 种。

①executeQuery(String sql):根据查询语句返回结果集,只能执行 select 语句。

②getResultSet( ):是单独获得 executeQuery 方法的结果集,以下两段代码没有本质上的

区别。

```
ResultSet rs = statement.executeQuery ("SELECT * from employee");
和
statement.executeQuery ("SELECT * from employee");
ResultSet rs = statement.getResultSet();
这两段代码最终得到的结果是一样的。
```

③getGeneratedKeys( ):用于获取自增长的主键。

ResultSet 接口提供了一个游标,默认游标指向结果集第一行之前。调用一次 next( ),游标向下移动一行。还提供了一些 get 方法。用于封装数据,对该接口的使用详见下一小节。

5)防止 sql 注入

sql 注入是指通过特殊的输入语句,让应用运行输入者想要执行的 sql 语句。

例如,一个登录的 sql,可能如下:

```
select * from user where name ='root'and password ='root'
```

name 和 password 都是用户输入的,常见的有以下注入方式:

知道存在的用户名,name 输入 root,这样就把之后的条件都屏蔽了用户名随意输入,password 输入‘root’OR 1 =1,这样条件永远成立。

解决方法:

弃用 Statement,改为其子类 PreparedStatement,另一方面,其效率也更高。核心代码:

```
Class.forName("com.mysql.jdbc.Driver");
connection = DriverManager.getConnection(url, "root", "root");
statement = connection.prepareStatement(sql);
statement.setString(1, "白子画");
resultSet = statement.executeQuery();
```

和 Statement 生成的 sql 不一样的是,虽然两者都是查询,使用 prepareStatement 时如果还是输入 password =“root”OR 1 =1’来试图进行 sql 注入是不会成功的,因为此时该语句在执行时 password = ‘\'root\'OR 1 =1’,也就是多余的引号会被自动转义,不会再具有原来的功能。

11.1.2 通过 JDBC 操作数据库

我们需要访问数据库时,首先要加载数据库驱动,只需加载一次,然后在每次访问数据库时创建一个 Connection 实例,获取数据库连接,获取连接后,执行需要的 SQL 语句,最后完成数据库操作时释放与数据库间的连接。

1)加载数据库驱动

Java 加载数据库驱动的方法是调用 Class 类的静态方法 forName( ),语法如下:

```
Class.forName(String driverManager);
```

加载 MySQL 数据库驱动如下:

```
try {
    Class.forName("com.mysql.jdbc.Driver");
} catch(ClassNotFoundException e) {
    e.printStackTrace();
}
```

如果加载成功,会将加载的驱动类注册给 DriverManager;如果加载失败,会抛出 Class-NotFoundException 异常。

需要注意的是,要在项目中导入 mysq-connection-java 的 jar 包,方法是在项目中建立 lib 目录,在其下放入 jar 包,如图 11.1 所示。

图 11.1 jar 包

用鼠标右键单击 jar 包,选择"Build Path"→"Add to Build Path",如图 11.2 所示。

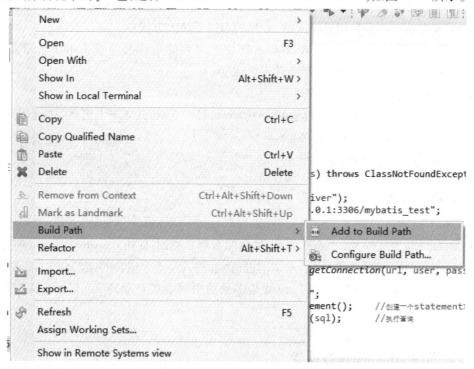

图 11.2 添加到项目

之后会多出一个 Referenced Libraries,导入成功,如图 11.3 所示。

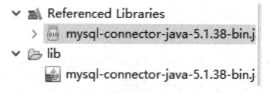

图 11.3 导入成功

2）建立连接

加载完数据库驱动后，就可以建立数据库的连接了，需要使用 DriverManager 类的静态方法 getConnection( ) 来实现。代码如下：

```
Class.forName("com.mysql.jdbc.Driver");
String url = "jdbc:mysql://localhost:3306/database_name";
String user = "root";
Strign password = "root"
//建立连接
Connection conn = DriverManager.getConnection(url, user, password);
```

url 是数据库的 url，其中 mysql 指定数据库为 mysql 数据库，如果是本机，可以直接使用 localhost，也可以换成 IP 地址 127.0.0.1；3306 为 MySQL 数据库的默认端口号；database_name 是所要连接的数据库名；user 和 password 对应数据库的用户名和密码；最后再通过 getConnection 建立连接。

3）对数据库表中的数据进行增删改查

建立了连接之后，就可以使用 Connection 接口的 createStatement( ) 方法来获取 Statement 对象，也可以调用 prepareStatement( ) 方法获得 PrepareStatement 对象，通过 executeUpdate( ) 方法来执行 SQL 语句。

例如，查询代码如下：

```
public class JDBCTest {
  public static void main(String[] args) throws ClassNotFoundException,
SQLException {
    Class.forName("com.mysql.jdbc.Driver");
    String url = "jdbc:mysql://127.0.0.1:3306/mybatis_test";
    String user = "root";
    String password = "123456";
    Connection conn = DriverManager.getConnection(url, user, password);
    String sql = "select * from user";
    Statement stmt = conn.createStatement();
    ResultSet rs = stmt.executeQuery(sql);        //执行查询
    int id, sex;
    String username, address;
    System.out.println("id \t 姓名 \t 性别 \t 地址 \t");
    while(rs.next()) {          //遍历结果集
      id = rs.getInt("id");
      username = rs.getString("username");
      sex = rs.getInt("sex");
      address = rs.getString("address");
      System.out.println(id +"\t" + username +"\t" + sex +"\t" + address);
    }
  }
}
```

对于插入，可以使用 Statement 接口中的 executeUpdate( )方法，代码如下：

```
String sql = "insert into user(username, sex, address) values('张三','1','西安')";
Statement stmt = conn.createStatement();    //创建一个 Statement 对象
stms.executeUpdate(sql);    //执行 SQL 语句
conn.close();    //关闭数据库连接对象
```

还可以使用 PreparedStatement 接口中的 executeUpdate( )方法，代码如下：

```
String sql = "insert into user(username, sex, address) values(?,?,?)";
PreparedStatement ps = conn.preparedStatement(sql);
ps.setString(1, "张三");    //为第一个问号赋值
ps.setInt(2, 2);    //为第二个问号赋值
ps.setString(3, "陕西西安");    //为第三个问号赋值
ps.executeUpdate();
conn.close();
```

修改和删除都是使用 Statement 或 PreparedStatement 接口的 executeUpdate 方法，只需书写对应语句即可，都是返回受影响的行数。

11.2　JDBC 应用的典型步骤

下面给一个完整的例子，本例所连接的数据库是 MYSQL，其驱动程序是 com. mysql. jd-bc. Driver，可以在网页 http://dev. mysql. com/downloads/connector/j/中根据所装的 MYSQL 版本进行下载。本例所用的版本是 MYSQL5.0，因此，选择 Download Connector/J 5.0 下载得到 mysql-connector-java-5.0.8. zip，解压后可以发现里面有一个 jar 文件 mysq-connector-java-5.0.8-bin. jar，其中，包含本例所需的驱动程序类 com. mysql. jdbc. Driver，在项目中导入该 jar 包即可。

JDBC 的执行流程为：

①由 DriverManager 类取得 Connection 对象。

②由 Connection 对象创建 Statement 对象。

③由 Statement 执行 SQL 语句并返回执行结果。

④执行结果封装在 ResultSet 对象中。

这是 JDBC 应用的典型步骤。其完整的代码如下（使用 PreparedStatement）：

```
Connection conn = null;
PreparedStatement prepstmt = null;
final String DRIVER = "com.mysql.jdbc.Driver";
final String URL = " jdbc:sqlserver://localhost:3306/mydb";
final String USER = "abc";
final String PASSWORD = "123456";
try {
  Class. forName(DRIVER);
```

```
conn = DriverManager.getConnection(URL, USER, PASSWORD);
String sql ="select book_id, book_name, author from books Limit 1000";
prepstmt = conn.prepareStatement(sql);
ResultSet result = prepstmt.executeQuery();
while(result.next()) {
  int bId = result.getInt(1);
  String bName = result.getString(2);
  String author = result.getString(3);
  System.out.println("id =" + bId + "name =" + bName + "author =" + author);
}
conn.close();
conn = null;
} catch (Exception e) {
  e.printStackTrace();
} finally {
  if(conn! = null) {
    try {
      conn.close();
    } catch (Exception e) {
      e.printStackTrace();
    }
  }
}
```

11.3　JDBC 综合应用实例

下面以学生信息存储为例来讲解如何使用 JDBC 实现数据库存储、查询、更新及删除操作。首先需要在数据库中建立一张学生表 student，其字段见表 11.1。

这里要注意 Java 的数据类型和 mysql 的数据类型并不是完全一致的，其中的对应关系见表 11.2。

表 11.1　student 表结构

字段名	类型
Id(学生表 ID)	Int(11)
name(学生姓名)	Varchar(20)
age(学生年龄)	Int(11)
grade(学生年级)	Int(11)
sex(学生性别)	Int(1)

表 11.2　Java 的数据类型与数据库中的类型关系

Java	数据库
byte	tinyint
short	smallint
int	int
long	bigint
double	double
String	char, varchar
Date	date

11.3.1 使用 JDBC 创建基本表和视图

下面运用 JDBC 在数据库中建立数据表和视图。这里以 MySQL 数据库为例。

```java
public static final String url = "jdbc:mysql://localhost:3306/scc";
public static final String name = "com.mysql.jdbc.Driver";
public static final String user = "root";
public static final String password = "123456";
public static Connection conn = null;
public static PreparedStatement pst = null;

public static void main(String[] args) {
    try{
        Class.forName(name);        //指定连接类型
        conn = DriverManager.getConnection(url, user, password);
        System.out.println("OK:已成功连接到数据库");
        String sql = "create table student ( id int,name char(20),sex char(1),
age int,grade char(10) )";
        pst = (PreparedStatement) conn.prepareStatement(sql);
        pst.executeUpdate(sql);
        System.out.println("OK:表已建立");
        sql = "INSERT INTO student VALUES (1, '王梅花', '2',19,'2018'),(2, '王梅','2',
20,'2018'),(3, '王莽','1',19,'2018'),(4, '王明','1',20,'2018'),(5, '李明','1',20,'2018');";
        pst.executeUpdate(sql);
        System.out.println("OK:表已填充好");
        sql = "create view studentView (name,grade) as select name,grade from
student";
        pst.executeUpdate(sql);
        System.out.println("OK:视图已建立");
    }catch(Exception e) {
        System.out.println(e.getMessage());
        return;
    }
}
```

运行成功后可以在数据库管理工具 navicat 中看到新建的 student 表和 studentView 视图的结果,如图 11.4 和图 11.5 所示。

图 11.4 新建立的表   图 11.5 新建立的视图

11.3.2 使用 JDBC 执行数据库查询

下面以 mysql 数据库为例,讲解如何运用 JDBC 在数据库中进行查询,在前一节代码的基础上增加如下代码。

```java
public void query() {
    ResultSet rs = null;
    try {
        String sql = "select name,sex,age,grade from student";
        pst = (PreparedStatement) conn.prepareStatement(sql);
        rs = pst.executeQuery();
        //处理查询结果
        while(rs.next()) {
            String name = rs.getString(1);
            String sex = rs.getString(2);
            int age = rs.getInt(3);
            String grade = rs.getString(4);
            System.out.println("name =" + name + ";sex =" + sex + ";age =" +
age + ";grade =" + grade);
        }
    } catch (SQLException e) {
        System.out.println(e.getMessage());
    }
}
```

运行成功后输出结果,如图 11.6 所示。

```
OK：已成功连接到数据库
name = 王梅花;sex = 2;age =19;grade =2018
name = 王梅;sex = 2;age =20;grade =2018
name = 王莽;sex = 1;age =19;grade =2018
name = 王明;sex = 1;age =20;grade =2018
name = 李明;sex = 1;age =20;grade =2018
```

图 11.6　查询结果图

11.3.3　使用 JDBC 更新数据库

现在以 mysql 数据库为例，使用 JDBC 更新数据库中的表，在前一节代码的基础上继续增加。

```
public void update() {
    try {
        Stringsql ="INSERTINTO student VALUES (6, 李明启', 1', 21,2017');";
        pst =(PreparedStatement) conn.prepareStatement(sql);
        pst.executeUpdate(sql);
        System.out.println("OK:李明启数据已更新");
        sql = "delete from student where name ='王梅花';";
        pst.executeUpdate(sql);
        System.out.println("OK:王梅花数据已删除");
        sql ="update student set age =20 where name ='王明';";
        pst.executeUpdate(sql);
        System.out.println("OK:王明年龄已更新为 20");
    }catch (SQLException e) {
        System.out.println(e.getMessage());
    }
}
```

运行成功后输出结果，如图 11.7 所示。

数据库中查询结果，如图 11.8 所示。

```
OK：已成功连接到数据库
OK：李明启数据已更新
OK：王梅花数据已删除
OK：王明年龄已更新为20
```

图 11.7　运行更新结果图

student @scc (mysql) - 表

文件　编辑　查看　窗口　帮助

导入向导　导出向导　筛选向导　网格查看

id	name	sex	age	grade
2	王梅	2	20	2018
3	王莽	1	19	2018
4	王明	1	20	2018
5	李明	1	20	2018
6	李明启	1	21	2017

图 11.8　数据库结果图

根据结果可以看出数据库中已经新增李明启的数据，删除了王梅花的数据，以及对王明的年龄作了更新。

小　结

本章简单介绍了 Java 中对 JDBC 的相关类和接口的概念及基本操作,并通过例子讲解了基础的增删改查操作的实现方式。

本章知识体系

知识点	难度	重要性
JDBC 概念	★	★★
相关接口和类	★★★★	★★★★
增删改查操作	★★★	★★★★

章节练习题

使用 JDBC 的方法完成一个对数据库的操作,创建一个数据库,增加寝室表和学生表,寝室包含 id,寝室号,最大人数,楼栋编号字段,学生表包含 id,学号,姓名,性别、寝室 id(外键)字段。

要求完成以下操作:

①插入多条寝室数据;

②插入多条学生数据,不同性别的学生不能出现在同一楼栋编号的寝室;

③同一寝室人数不能超过寝室的最大人数;

④可以通过寝室号查询该寝室的学生;

⑤可以通过楼栋编号查询该楼栋的学生;

⑥可以通过学生查询同寝室的学生。

12 | 项目实战——聊天室

本章将用 Java 的 Swing 组件和 Socket 编程来完成一个聊天室项目,包括服务器、客户端的界面,便于读者掌握 Java 界面编码和 Socket 编程应用。

【学习目标】

- 能够使用 Swing 组件搭建聊天室界面;
- 能够使用相关 Java 代码完成聊天室功能;
- 能够运用 Java 的 Socket 网络编程基础知识。

【能力目标】

能够掌握并使用 Java 的 Swing 组件及 Socket 网络通信功能,能够正确使用 Swing 组件编写界面。

12.1 需求分析及设计

在开始进行项目程序编写之前,先要明确该项目的需求是什么?

项目需求:

该项目要求编写一个以 Swing 为基础的聊天室小工具,可以通过本地局域网地址创建一个服务器端和多个客户端,并使用 Socket 在两者之间进行聊天通信,聊天功能要能够实现服务器与所有客户端的交流,客户端与服务器的交流,多个客户端之间的交流。

(1)业务分析

项目的主要业务为服务器端和客户端之间的通信,次要业务为在服务器端能够实时显示当前的用户列表及聊天记录。

(2)设计要点

①有一个可自定义端口和地址的服务器端界面,这个界面可以显示出当前有多少客户端进入,可以看到所有客户端的聊天情况。

②有一个可以检索服务器端口的客户端界面,可以根据服务端提供的地址和端口连接到服务器上,并能够进行聊天通信操作。

界面原型如图 12.1 和图 12.2 所示。

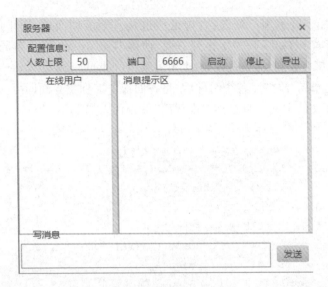

图 12.1　服务器界面原型

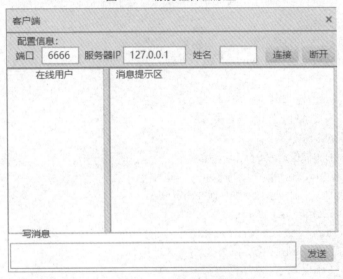

图 12.2　客户端界面原型

12.2　界面编写

在 Eclipse 中新建一个 Java Project,在项目中新建两个类,分别命名为 Server. java 和 Client. java,用于编写服务器和客户端界面及其功能,下面分别展示对应的代码:

12.2.1　服务器界面

基于一个基础的分布原则,本例中服务器界面使用 BorderLayout 布局将界面分为北(north)、南(south)、左(left)、右(right)、中(center)5 个区域,南(下)方区域包含输入框和发送按钮;中间位置包含一个可拖动的分割面板 JSplitPane,此面板分为两个部分,左边区域包含一个滚动面板,用于展示用户列表;右边区域也是一个滚动面板,用于展示聊天内容;北(上)方区域会有多个组件排列,为了排列方便,使用 GridLayout(网格布局),该布局类似于数组,例如,一个网格有 n 列,那么就有 n + 1 个列索引(column indices),new GridLayout(1, 7)就代表 1 行 7 列的布局;添加完各个组件后,将各面板添加到主界面即可。

在 Server. java 文件中编写服务器界面代码,关键代码如下:

```
……部分代码省略……
southPanel = new JPanel(new BorderLayout());
southPanel.setBorder(new TitledBorder("写消息"));
southPanel.add(txt_message, "Center");
southPanel.add(btn_send, "East");
leftPanel = new JScrollPane(userList);
leftPanel.setBorder(new TitledBorder("在线用户"));
rightPanel = new JScrollPane(contentArea);
rightPanel.setBorder(new TitledBorder("消息显示区"));
centerSplit = new JSplitPane (JSplitPane. HORIZONTAL _ SPLIT, leftPanel,
rightPanel);
//设置分割面板大小的百分比(0.0~1.0,100 代表 100% )
centerSplit.setDividerLocation(100);
northPanel = new JPanel();
northPanel.setLayout(new GridLayout(1, 7));
//在面板中添加一系列组件,代码省略
……部分代码省略……
//设置主界面的布局模式为 BorderLayout
frame.setLayout(new BorderLayout());
//将前面定义的 3 个面板添加到主界面并固定位置
frame.add(northPanel, "North");
frame.add(centerSplit, "Center");
frame.add(southPanel, "South");
//设置主界面大小
frame.setSize(600, 400);
//获取当前的屏幕宽度和高度
int screen_width = Toolkit.getDefaultToolkit().getScreenSize().width;
int screen_height = Toolkit.getDefaultToolkit().getScreenSize().height;
//设置主界面相对于屏幕左上角的位置
frame.setLocation((screen_width-frame.getWidth()) /2,(screen_height-frame.
getHeight()) /2);
//设置主界面为可见
frame.setVisible(true);
```

完成后运行界面如图 12.3 所示。

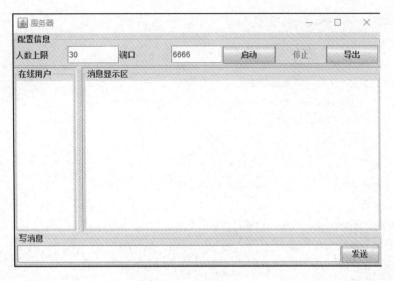

图 12.3　服务器界面

12.2.2　客户端界面

在 Client.java 文件中编写客户端界面代码,界面的布局方式同服务器端一致,只是部分组件有所区别,部分关键代码如下:

```
……部分代码省略……
//声明文本域
textArea = new JTextArea();
//设置为可见
textArea.setEditable(false);
//设置文字颜色
textArea.setForeground(Color.blue);
//声明文本框
textField = new JTextField();
//声明一个显示端口的文本框,其中的值为6666(和服务器端口一样)
txt_port = new JTextField("6666");
//声明ip地址127.0.0.1是本机地址
txt_hostIp = new JTextField("127.0.0.1");
//声明本客户端用的用户名
txt_name = new JTextField("xiaoqiang");
//声明3个按钮
btn_link = new JButton("连接");
btn_stop = new JButton("断开");
```

```java
btn_send = new JButton("发送");
//设置列表数据模型
listModel = new DefaultListModel < String > ();
//声明列表窗体(存放列表数据模型)
userList = new JList < String > (listModel);
//声明北方(上方)面板
northPanel = new JPanel();
//设置布局
northPanel.setLayout(new GridLayout(1, 7));
//设置端口标签
northPanel.add(new JLabel("端口"));
//将端口文本框添加在后面
northPanel.add(txt_port);
//设置服务器 IP 标签
northPanel.add(new JLabel("服务器 IP"));
//将服务器文本框添加在后面
northPanel.add(txt_hostIp);
//设置姓名标签
northPanel.add(new JLabel("姓名"));
//将姓名文本框添加在后面
northPanel.add(txt_name);
//添加开始和停止按钮
northPanel.add(btn_link);
northPanel.add(btn_stop);
//设置标题
northPanel.setBorder(new TitledBorder("连接信息"));
//声明滚动面板
rightScroll = new JScrollPane(textArea);
//设置标题
rightScroll.setBorder(new TitledBorder("消息显示区"));
//将用户列表放进面板
leftScroll = new JScrollPane(userList);
leftScroll.setBorder(new TitledBorder("在线用户"));
//声明南方(下方)面板
southPanel = new JPanel(new BorderLayout());
//添加文本框和[发送]按钮
southPanel.add(textField, "Center");
southPanel.add(btn_send, "East");
//设置标题
southPanel.setBorder(new TitledBorder("写消息"));
```

```
//设置分割面板
centerSplit = new JSplitPane(JSplitPane.HORIZONTAL_SPLIT, leftScroll,right-
Scroll);
centerSplit.setDividerLocation(100);
//声明主界面及标题并设置布局
frame = new JFrame("客户机");
frame.setLayout(new BorderLayout());
……部分代码省略……
```

完成后,运行界面如图 12.4 所示。

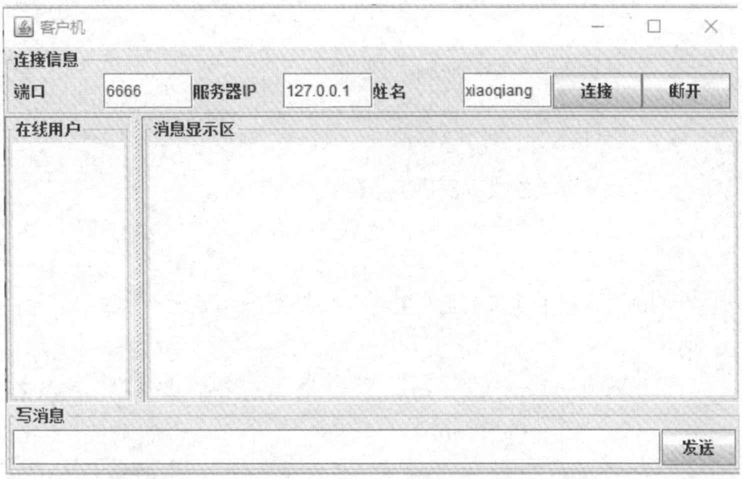

图 12.4　客户端界面

12.3　事件编写

在该节中将根据一定的流程来编写事件代码,流程依据服务器启动、客户端连接、单通消息发送、双通消息发送、多通消息发送的顺序。

12.3.1　服务器启动

在第 10 章中已经学习过 Swing 的按钮操作是通过事件监听实现的,这里就为服务器界面的"启动"按钮添加事件监听,使用户在单击"启动"按钮时就可以启动服务器,在 Server( )构造方法末尾添加"启动"按钮的监听代码。

服务器启动会使用 ServerSocket 方法,该方法会一直监听所指定的端口,通过这个端口去接收数据,但程序并不知道何时会有数据传过来,因此需要同步启动一个线程,该线程会一直等待客户端的连接,只要有连接出现,就会通过 ServerSocket 的 accept 方法取出这个连接来进行通信,该线程会一直运行,直到服务器端发出停止指令。关键代码如下:

```
//监听单击"启动"按钮时事件
btn_start.addActionListener(new ActionListener() {
    //执行事件动作
```

```java
    public void actionPerformed(ActionEvent e) {
        //如果服务器已启动,就提示信息
        if (isStart) {
            JOptionPane.showMessageDialog(frame, "服务器已处于启动状态,不要重复
启动!",  "错误", JOptionPane.ERROR_MESSAGE);
            return;
        }
        int max;    //最大人数
        int port;    //端口
        try {
            try {
                //获取人数上限(最大值文本框中的值)
                max = Integer.parseInt(txt_max.getText());
            } catch (Exception e1) {
                //该异常会在文本框值不为数字时触发
                throw new Exception("人数上限为正整数!");
            }
            //判断文本框的值是不是小于0
            if (max <= 0) {
                throw new Exception("人数上限为正整数!");
            }
            try {
                //获取端口(端口文本框中的值)
                port = Integer.parseInt(txt_port.getText());
            } catch (Exception e1) {
                //该异常会在文本框值不为数字时触发
                throw new Exception("端口号为正整数!");
            }
            //判断文本框的值是不是小于0
            if (port <= 0) {
                throw new Exception("端口号为正整数!");
            }
            //调用启动服务器的方法
            serverStart(max, port);
            ……部分代码省略……
        } catch (Exception exc) {
            //如果有异常发生,则弹出一个消息提示窗体
            JOptionPane.showMessageDialog(frame, exc.getMessage(),  "错误",
JOptionPane.ERROR_MESSAGE);
        }
    }
});
```

在该类中添加服务器启动和服务器线程的内部类，要放在构造方法外，代码如下：

```
//服务器线程
class ServerThread extends Thread {
    ……部分代码省略……
    //run 方法随服务器端启动而执行,不需要显式调用
    public void run() {
        //不停地等待客户端的连接
        while (true) {
            try {
                //从连接队列中取出一个连接,如果没有则等待
                Socket socket = serverSocket.accept();
            } catch (IOException e) {
                e.printStackTrace();
            }
        }
    }
}

//启动服务器 (参数1:人数,参数2:端口)
public void serverStart(int max, int port) throws java.net.BindException {
    try {
        //开启服务器 Socket,端口为参数2 指定的端口
        serverSocket = new ServerSocket(port);
        //根据参数1 指定的人数设置服务器线程
        serverThread = new ServerThread(serverSocket, max);
        //开启线程
        serverThread.start();
        //设置标记值为真
        isStart = true;
    } catch (BindException e) {
        ……部分代码省略……
    } catch (Exception e1) {
        ……部分代码省略……
    }
}
```

完成后启动项目，会在服务器上生成提示，效果如图 12.5 所示。

图12.5　客户端界面

12.3.2　客户端连接

为客户端界面的"连接"按钮添加事件监听,使用户在单击"连接"按钮时就可以连接服务器,在 Client( )构造方法末尾添加"连接"按钮的监听代码,关键代码如下:

```java
//单击连接按钮时的事件
    btn_link.addActionListener(new ActionListener() {
        //执行动作
        public void actionPerformed(ActionEvent e) {
            int port;
            //如果标记值为真
            if (isConnected) {
                //弹出消息窗体
                JOptionPane.showMessageDialog(frame, "已处于连接上的状态,不要重
复连接!", "错误", JOptionPane.ERROR_MESSAGE);
                return;
            }
            try {
                //对 IP 地址和用户名等进行判断
                ……部分代码省略……
                //连接服务器
                boolean flag = connectServer(port, hostIp, name);
                if (flag == false) {
                    throw new Exception("与服务器连接失败!");
                }
                btn_link.setEnabled(false);
                //将用户名作为标题
```

```
        frame.setTitle(name);
            JOptionPane.showMessageDialog(frame, "成功连接!");
        } catch (Exception exc) {
            ……部分代码省略……
        }
    }
});
```

在该类中添加连接服务器的方法,同样要放在构造方法外,关键代码如下:

```
public boolean connectServer(int port, String hostIp, String name) throws Bad-
LocationException {
    //连接服务器
    try {
        socket = new Socket(hostIp, port);      //根据端口号和服务器 ip 建立连接
        writer = new PrintWriter(socket.getOutputStream());
        reader = new BufferedReader(new InputStreamReader(socket.getInput-
Stream()));
        //发送客户端用户基本信息(用户名和 ip 地址)
        sendMessage(name + "@ " + socket.getLocalAddress().toString());
        //开启接收消息的线程
        messageThread = new MessageThread(reader, textArea);
        messageThread.start();
        isConnected = true;      //已经连接上
        return true;
    } catch (Exception e) {
        ……部分代码省略……
    }
}
//不断接收消息的线程
class MessageThread extends Thread {
    private BufferedReader reader;
    private JTextArea textArea;
    //接收消息线程的构造方法
    public MessageThread(BufferedReader reader, JTextArea textArea) {
        this.reader = reader;
        this.textArea = textArea;
    }
    //被动地关闭连接
    public synchronized void closeCon() throws Exception {
        ……部分代码省略……
    }
    public void run() {
```

```
        ……部分代码省略……
}
public void sendMessage(String message) {
    writer.printIn(message);
    writer.flush();
}
```

完成后打开客户端,单击连接,会生成提示,效果如图12.6所示。

图 12.6　客户端界面

12.3.3　单通-服务器端到客户端

当客户端连接服务器时,服务器就能往客户端发送消息,有以下几项操作:

要完成发送消息的操作,需要为 Server 类增加一个客户端线程集合,用于接收客户端线程:private ArrayList < ClientThread > clients;。

然后在 Server 类中增加 ClientServer 的内部类,关键代码如下:

```
public ClientThread(Socket socket) {
    try {
        this.socket = socket;
        //读取客户端传递过来的字节流
        reader = new BufferedReader(new InputStreamReader(socket.getInput-
Stream()));
        //处理字节流
        writer = new PrintWriter(socket.getOutputStream());
        //接收客户端的基本用户信息
        String inf = reader.readLine();
        //建立令牌
        StringTokenizer st = new StringTokenizer(inf, "@ ");
        //使用该令牌
```

```
        user = new User(st.nextToken(), st.nextToken());
        //反馈连接成功的信息
        writer.printIn(user.getName() + user.getIp() + "与服务器连接成功!");
        //刷新
        writer.flush();
        //反馈当前在线用户信息
        if(clients.size() > 0) {
            String temp = "";
            //将在线用户信息反馈到客户端的列表窗体中(不包括自己)
            for(int i = clients.size() - 1; i >= 0; i--) {
                temp += (clients.get(i).getUser().getName() + "/" + clients.
get(i).getUser().getIp()) + "@ ";
            }
            //将消息输出到字节流缓冲区
            writer.printIn("USERLIST@ " + clients.size() + "@ " + temp);
            //输出缓冲区数据
            writer.flush();
        }
        //向所有在线用户发送该用户的上线命令
        for(int i = clients.size() - 1; i >= 0; i--) {
            //将消息输出到字节流缓冲区
            clients.get(i).getWriter().println("ADD@ " + user.getName() + us-
er.getIp());
            //输出缓冲区数据
            clients.get(i).getWriter().flush();
        }
    } catch(IOException e) {
        e.printStackTrace();
    }
  }
}
```

在服务器线程的 run 方法中添加针对客户端线程的代码:

```
//该方法随服务器端启动而执行,不需要显式调用
public void run() {
    //不停地等待客户端的连接
    while(true) {
        try {
            //从连接队列中取出一个连接,如果没有则等待
            Socket socket = serverSocket.accept();
            //如果已达人数上限
            if(clients.size() == max) {
```

```
      //读取字节流
        BufferedReader r = new BufferedReader ( new InputStreamReader
(socket.getInputStream()));
      //处理字节流并输出
      PrintWriter w = new PrintWriter(socket.getOutputStream());
      //接收客户端的基本用户信息
      String inf = r.readLine();
      //为每一个客户端建立独特的令牌
      StringTokenizer st = new StringTokenizer(inf,"@ ");
      //使用该令牌
      User user = new User(st.nextToken(), st.nextToken());
      //将消息输出到字节流缓冲区
      w.println("MAX@ 服务器:对不起," + user.getName() + user.getIp() + ",
服务器在线人数已达上限,请稍后尝试连接!");
      w.flush();
      ……部分代码省略……
    }
      ……部分代码省略……
  } catch (IOException e) {
    e.printStackTrace();
  }
 }
}
```

12.3.4 双通-服务器端和客户端互通

当客户端连接服务器时,服务器就可以往客户端发送消息,关键代码如下:

要完成发送消息的操作,需要为 Server 类增加一个客户端线程集合,用于接收客户端线程:

```
private ArrayList <ClientThread > clients;
```

有了客户端线程后,就可以遍历客户端线程集合,从而向每一个客户端发送消息。

```
//群发服务器消息
public void sendServerMessage(String message) {
  //遍历每一个客户端
  for (int i = clients.size() - 1; i >= 0; i--) {
  //向客户端发送消息
    clients.get(i).getWriter().println("服务器:" + message + "(多人发送)");
  //刷新客户端文字信息
    clients.get(i).getWriter().flush();
  }
}
```

12.3.5 多通-多客户端互通

多个互通需要客户端发送消息时带有对方客户端的名称参数,这样在服务器端进行线程遍历时就可以找到指定的客户端,然后将对应的消息转发至目标客户端,关键代码如下:

```
public void dispatcherMessage(String message) {
    //生成相关令牌
    StringTokenizer stringTokenizer = new StringTokenizer(message, "@ ");
    String owner = stringTokenizer.nextToken();
    if (owner.equals("ALL")) {      //群发
        for (int i = clients.size() - 1; i >= 0; i--) {
            //将消息输出到字节流缓冲区
            clients.get(i).getWriter().println(message + "(多人发送)");
            //输出缓冲区数据
            clients.get(i).getWriter().flush();
        }
    }
}
```

附 录

附录 1 Eclipse 汉化方式

打开菜单,选择"Help"→"Install New Software",在弹出的窗口 Work with 处输入相应地址,如附图 1.1 所示。在联网状态下即可在对话框中看到语言选择,下滑找到并勾选"Babel Language Packs in Chinese (Simplified)"选项,如附图 1.1 所示。

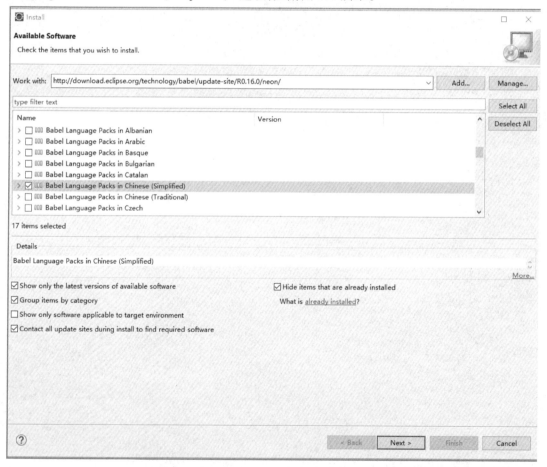

附图 1.1 汉化包地址

单击"Next"按钮,等待自动下载安装,由于需要外网下载,时间较长,如附图 1.2 所示。

继续单击"Next"按钮,开始安装汉化包,一定要在附图 1.3 所示的界面中勾选"I accept the terms of the license agreement"选项,然后单击"Finish"按钮即可。

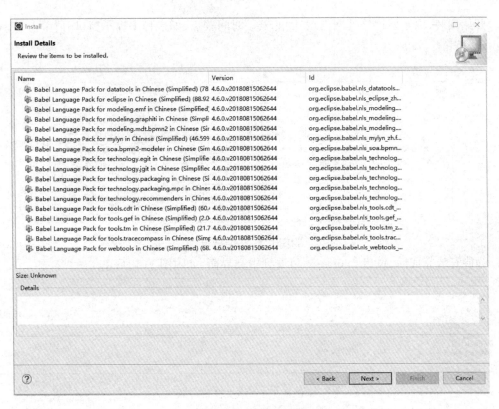

附图1.2　汉化包安装

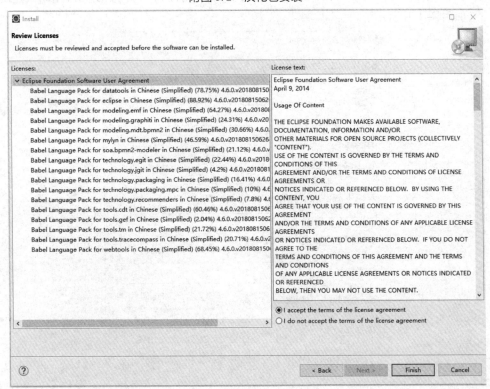

附图1.3　汉化包安装

开始安装，由于要连接外网下载，因此安装时间较长，如果弹出提示窗口，请单击"Install anyway"按钮。

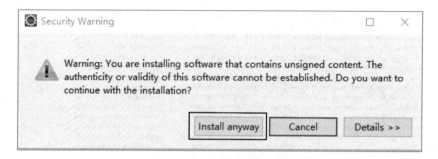

附图1.4　安装提示

等待安装完成后，重启 Eclipse 即可看到中文界面，如附图 1.5 所示。

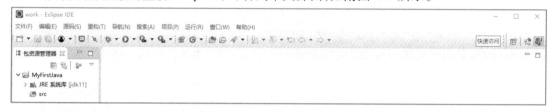

附图1.5　中文界面

如果要切换回英文版本，打开 Eclipse 快捷方式的属性窗口，在目标栏的最后加上"-nl 'en'"，如附图 1.6 所示。

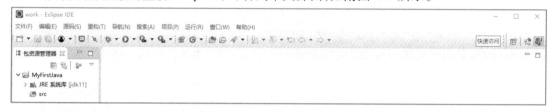

附图1.6　快捷方式属性窗口

如果要切换回中文,只需把上面的"en"改为"zh_CN"即可。

附录 2 JUnit 测试

1)JUnit 概述

所谓单元测试是测试应用程序的功能是否能够按需要正常运行,并且确保是在开发人员的水平上,单元测试生成图片。单元测试是一个对单一实体(类或方法)的测试。单元测试是每个软件公司提高产品质量、满足客户需求的重要环节。

单元测试可以由人工测试和自动测试两种方式完成。

(1)人工测试

手动执行测试用例并不借助任何工具的测试被称为人工测试。

①消耗时间并单调:由于测试用例是由人力资源执行的,所以非常缓慢并乏味。

②人力资源上投资巨大:由于测试用例需要人工执行,所以在人工测试上需要更多的试验员。

③可信度较低:人工测试可信度较低可能是人工错误导致测试运行时不够精确。

④非程式化:编写复杂并可以获取隐藏的信息的测试,这样的程序无法编写。

(2)自动测试

借助工具支持且利用自动工具执行用例被称为自动测试。

①快速自动化运行测试用例时明显比人力资源快。

②人力资源投资较少:测试用例由自动工具执行,所以在自动测试中需要较少的试验员。

③可信度更高:自动化测试每次运行时精确地执行相同的操作。

④程式化:试验员可以编写复杂的测试来显示隐藏信息。

2)Eclipse 的 JUnit 插件

为了设置带有 Eclipse 的 JUnit,需要遵循以下步骤。

步骤 1:下载 JUnit 并保存对应的 jar 包到指定位置。

可以在相关地址中进行下载,会自动下载最新的版本(目前为 4.10)。

步骤 2:设置 Eclipse 环境。

打开"eclipse",用鼠标右键单击"project",单击"property"→"Build Path"→"Configure Build Path",然后使用 Add External Jar 按钮在函数库中添加 junit- 4. 10. jar,如附图 2.1 所示。

本书假设读者的 Eclipse 已经内置了 Junit 插件并且它在"C:﹥eclipse/plugins"目录下,如不能获得,那么读者可以从 JUnit Plugin 上下载。在 Eclipse 的插件文件夹中解压下载的 zip 文件。最后重启 Eclipse。

步骤 3:核实 Eclipse 中的 JUnit 安装。

在 Eclipse 的任何位置上创建一个 TestJunit 项目。

创建一个 MessageUtil 类在项目中测试。

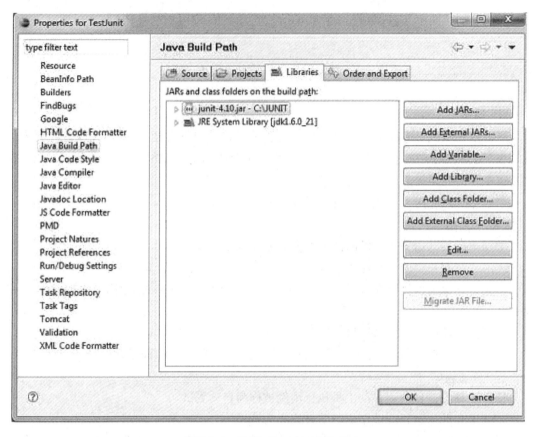

附图 2.1　添加"junit-4.10.jar"

3）JUnit-API

JUnit 是一个 Java 语言的单元测试框架。它由 Kent Beck 和 Erich Gamma 建立,大多数 Java 的开发环境都已经集成了 JUnit 作为单元测试的工具。

JUnit 中一些重要的类列示,见附表 2.1。

附表 2.1　JUnit 的重要类列

序号	类的名称	类的功能
1	Assert	assert 方法的集合
2	TestCase	一个定义了运行多重测试的固定装置
3	TestResult	TestResult 集合了执行测试样例的所有结果
4	TestSuite	TestSuite 是测试的集合

4）Junit 测试

（1）JUnit-编写测试

在这里,读者将会看到一个应用 POJO 类、Business logic 类和在 test runner 中运行的 test 类的 JUnit 测试例子。

创建一个名为 EmployeeDetails. java 的 POJO 类。

```
public class EmployeeDetails {
    private String name;
    private double monthlySalary;
    private int age;
    /**这里省略了get、set代码的书写**/
}
```

EmployeeDetails 类被用于：

①取得或者设置雇员的姓名的值。

②取得或者设置雇员的每月薪水的值。

③取得或者设置雇员的年龄的值。

创建一个名为 EmpBusinessLogic. java 的服务类。

```
public class EmpBusinessLogic {
    //计算员工年薪
    public double calculateYearlySalary(EmployeeDetails employeeDetails){
        double yearlySalary = 0;
        yearlySalary = employeeDetails.getMonthlySalary() * 12;
        return yearlySalary;
    }
    //计算员工评估金额
    public double calculateAppraisal(EmployeeDetails employeeDetails){
        double appraisal = 0;
        if(employeeDetails.getMonthlySalary() < 10000){
            appraisal = 500;
        }else{
            appraisal = 1000;
        }
        return appraisal;
    }
}
```

EmpBusinessLogic 类被用来计算：

①雇员每年的薪水。

②雇员的评估金额。

创建一个名为 TestEmployeeDetails. java 的准备被测试的测试案例类。

```
import org.junit.Test;
import static org.junit.Assert.assertEquals;

public class TestEmployeeDetails {
    EmpBusinessLogic empBusinessLogic = new EmpBusinessLogic();
    EmployeeDetails employee = new EmployeeDetails();
    //测试评估方法
    @Test    //有 Test 注解的就是测试方法,测试方法必须以 test 开头
    public void testCalculateAppriasal() {
```

```
    employee.setName("Rajeev");
    employee.setAge(25);
    employee.setMonthlySalary(8000);
    double appraisal = empBusinessLogic.calculateAppraisal(employee);
    assertEquals(500, appraisal, 0.0);
}
//测试年薪
@ Test
public void testCalculateYearlySalary() {
    employee.setName("Rajeev");
    employee.setAge(25);
    employee.setMonthlySalary(8000);
    double salary = empBusinessLogic.calculateYearlySalary(employee);
    assertEquals(96000, salary, 0.0);
}
}
```

TestEmployeeDetails 是用来测试 EmpBusinessLogic 类的方法的,用来计算:

①测试雇员的每年的薪水。

②测试雇员的评估金额。

这个测试用例在 Eclipse 中可以单击鼠标右键,使用"Run as" –>"JUnit Test"来执行,如附图 2.2 所示。

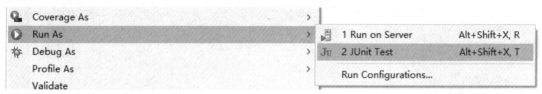

附图 2.2

运行结果如附图 2.3 所示。

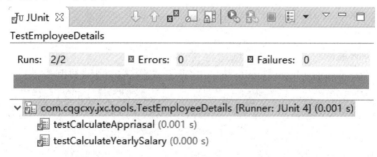

附图 2.3

从附图 2.3 中可以看出测试成功。

(2)JUnit-使用断言

所有的断言都包含在 Assert 类中。

```
public class Assert extends java.lang.Object
```

这个类提供了很多有用的断言方法来编写测试用例。只有失败的断言才会被记录。Assert 类中的一些有用方法列式如下,见附表2.2。

附表 2.2   Assert 类

序号	方法和描述
1	void assertEquals(boolean expected, boolean actual) 检查两个变量或者等式是否平衡
2	void assertTrue(boolean expected, boolean actual) 检查条件为真
3	void assertFalse(boolean condition) 检查条件为假
4	void assertNotNull(Object object) 检查对象不为空
5	void assertNull(Object object) 检查对象为空
6	void assertSame(boolean condition) assertSame()方法检查两个相关对象是否指向同一个对象
7	void assertNotSame(boolean condition) assertNotSame()方法检查两个相关对象是否不指向同一个对象
8	void assertArrayEquals(expectedArray, resultArray) assertArrayEquals()方法检查两个数组是否相等

下面试验上述提到的各种方法。创建一个文件名为 TestAssertions. java 的类。

```java
public class TestAssertions {
  @ Test
  public void testAssertions() {
    String str1 = new String ("abc");
    String str2 = new String ("abc");
    String str3 = null;
    String str4 = "abc";
    String str5 = "abc";
    int val1 = 5;
    int val2 = 6;
    String[] expectedArray = {"one", "two", "three"};
    String[] resultArray =  {"one", "two", "three"};
    assertEquals(str1, str2);
    assertTrue (val1 < val2);
    assertFalse(val1 > val2);
    assertNotNull(str1);
```

```
    assertNull(str3);
    assertSame(str4,str5);
    assertNotSame(str1,str3);
    assertArrayEquals(expectedArray, resultArray);
  }
}
```

接下来,继续使用 Eclipse 的 JUnit Test 来执行该测试方法,得到以下结果,如附图2.4所示。

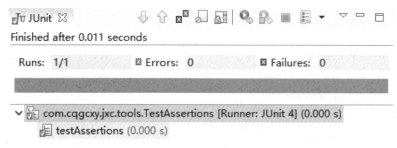

附图2.4

在这个测试中,所有的断言均包含在 TestAssertions 测试类中,有一个断言不通过,该测试就无法通过。例如修改 assertTrue(val1 < val2)为 assertTrue(val1 > val2),然后再执行 JUnit Test 会得到如附图2.5所示的结果。

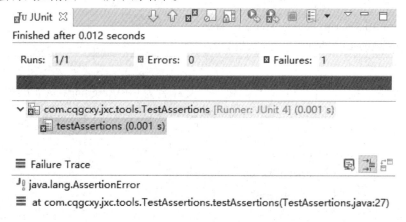

附图2.5

这里就表明了有一个断言测试没有通过。

(3)JUnit-忽略测试

有时可能会发生我们的代码还没有准备好的情况,这时测试用例去测试这个方法或代码时会造成失败。@Ignore 注释会在这种情况时帮助我们。

一个含有@Ignore 注释的测试方法将不会被执行。如果一个测试类有@Ignore 注释,则它的测试方法将不会执行。

创建一个被测试类 MessageUtil. java。

```
public class MessageUtil {
    private String message;
    public MessageUtil(String message) {
        this.message = message;
    }

    public String printMessage() {
        System.out.println(message);
        return message;
    }

    public String salutationMessage() {
        message = "你好啊!" + message;
        System.out.println(message);
        return message;
    }
}
```

创建测试类 TestJunit. java。其中包含两个测试方法 testPrintMessage( )和 testSalutation-Message( )。在方法 testPrintMessage( )中加入@ Ignore 注解,在运行测试时,添加了@ Ignore 方法的测试内容会被忽略。

```
public class TestJunit {
    String message = "李雷";
    MessageUtil messageUtil = new MessageUtil(message);
    @ Ignore
    @ Test
    public void testPrintMessage() {
        System.out.println("打印方法内部消息");
        message = "李雷";
        assertEquals(message, messageUtil.printMessage());
    }
    @ Test
    public void testSalutationMessage() {
        System.out.println("问候方法内部消息");
        message = "你好啊! 李雷";
        assertEquals(message, messageUtil.salutationMessage());
    }
}
```

运行该代码,可以在 Eclipse 中看到如附图 2.6 所示的结果。

其中,方框标注的地方可以很明显地看出,测试方法 testPrintMessage 在运行时被忽略掉了,没有执行,而另一个方法则是测试通过。

如果把@ Ignore 这个忽略注解放到 TestJunit 类时,则整个类在测试时都不会被使用,尽管此时 Eclipse 仍然会将该类当作测试类来处理。

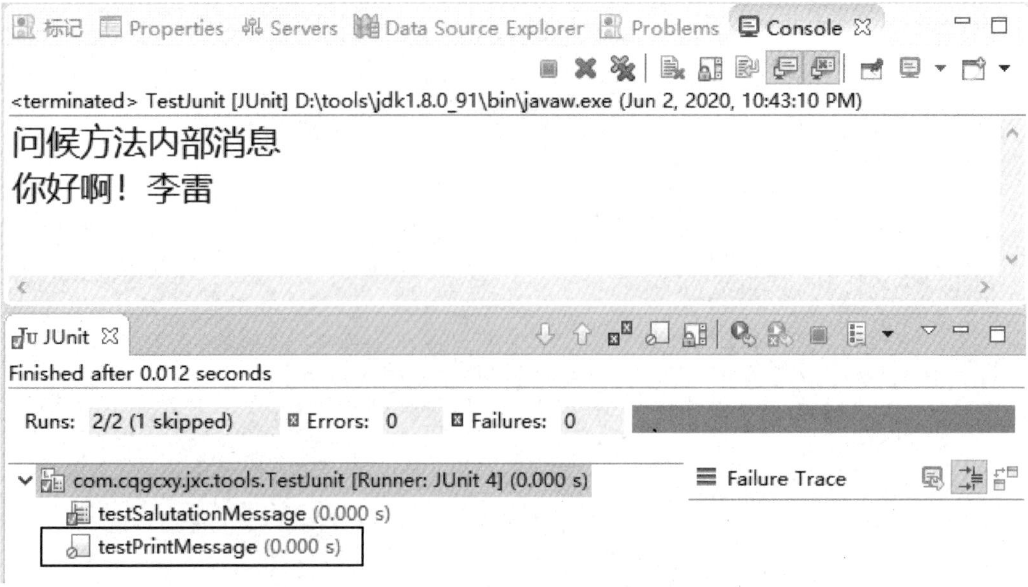

附图 2.6

```
@Ignore
public class TestJunit {
    …该类中的代码未发生变化,只是把@Ignore注解移到了外面…
}
```

运行该代码,可以在 Eclipse 中看到如附图 2.7 所示的结果。

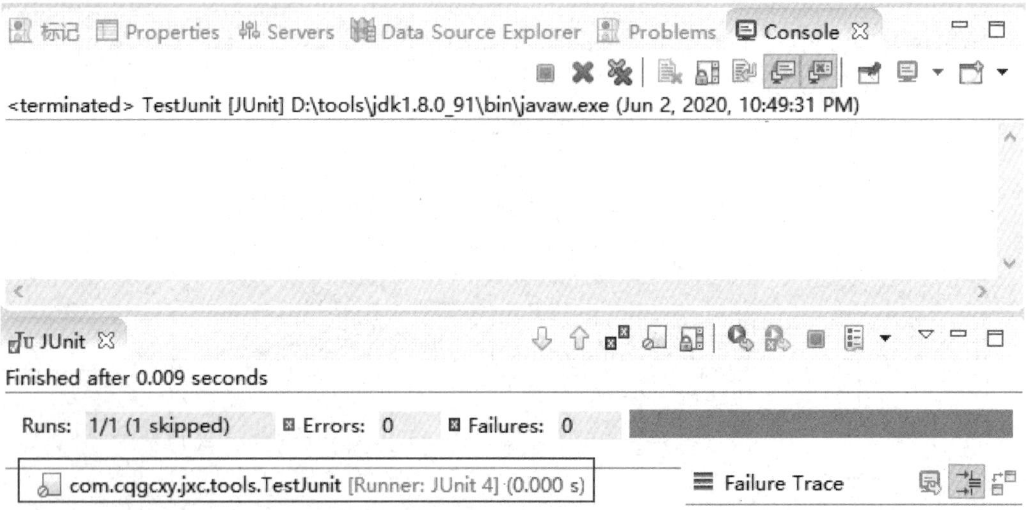

附图 2.7

控制台没有输出,从方框处可以看出整个测试类都被忽略了。